最惊心动魄的时刻

——航天科技99

主　　编　中国科普作家协会少儿专业委员会

执行主编　郑延慧

作　　者　刘登锐　李龙臣

插图作者　崔金泰

广西科学技术出版社

图书在版编目（CIP）数据

最惊心动魄的时刻：航天科技99/刘登锐，李龙臣著. —南宁：广西科学技术出版社，2012.8（2020.6 重印）
（科学系列99丛书）
ISBN 978-7-80619-936-7

Ⅰ. ①最… Ⅱ. ①刘… ②李… Ⅲ. ①航天—青年读物 ②航天—少年读物 Ⅳ. ①V4-49

中国版本图书馆 CIP 数据核字（2012）第 190695 号

科学系列99丛书
最惊心动魄的时刻
——航天科技99
ZUI JINGXIN DONGPO DE SHIKE——HANGTIAN KEJI 99
刘登锐　李龙臣　著

责任编辑	黎志海	**责任编辑**	叁壹明道
责任校对	陈业槐	**责任印制**	韦文印

出 版 人　卢培钊
出版发行　广西科学技术出版社
　　　　　　（南宁市东葛路66号　邮政编码530023）
印　　刷　永清县晔盛亚胶印有限公司
　　　　　　（永清县工业区大良村西部　邮政编码065600）
开　　本　700mm×950mm　1/16
印　　张　15
字　　数　193千字
版次印次　2020 年 6 月第 1 版第 4 次
书　　号　ISBN 978-7-80619-936-7
定　　价　29.80 元

本书如有倒装缺页等问题，请与出版社联系调换。

致二十一世纪的主人

钱三强

　　时代的航船已进入 21 世纪，在这时期，对我们中华民族的前途命运，是个关键的历史时期。现在 10 岁左右的少年儿童，到那时就是驾驭航船的主人，他们肩负着特殊的历史使命。为此，我们现在的成年人都应多为他们着想，为把他们造就成 21 世纪的优秀人才多尽一份心，多出一份力。人才成长，除主观因素外，在客观上也需要各种物质的和精神的条件，其中，能否源源不断地为他们提供优质图书，对于少年儿童，在某种意义上说，是一个关键性条件。经验告诉人们，往往一本好书可以造就一个人，而一本坏书则可以毁掉一个人。我几乎天天盼着出版界利用社会主义的出版阵地，为我们 21 世纪的主人多出好书。广西科学技术出版社在这方面做出了令人欣喜的贡献。他们特邀我国科普创作界的一批著名科普作家，编辑出版了大型系列化自然科学普及读物——《少年科学文库》以下简称《文库》。《文库》分"科学知识"、"科技发展史"和"科学文艺"三大类，约计 100 种。《文库》除反映基础学科的知识外，还深入浅出地全面介绍当今世界最新的科学技术成就，充分体现了 20 世纪 90 年代科技发展的前沿水平。现在科普读物已有不少，而《文库》这批读物特具魅力，主要表现在观点新、题材新、角度新和手法新，内容丰富，覆盖面广，插图精美，形式活泼，语言流畅，通俗易懂，富于科学性、可读性、趣味性。因此，说《文库》是开启科技知识宝库的钥匙，缔造 21 世纪人才的摇篮，并不夸张。《文库》将成

为中国少年朋友增长知识、发展智慧、促进成才的亲密朋友。

亲爱的少年朋友们，当你们走上工作岗位的时候，呈现在你们面前的将是一个繁花似锦的、具有高度文明的时代，也是科学技术高度发达的崭新时代。现代科学技术发展速度之快，规模之大，对人类社会的生产和生活产生影响之深，都是过去无法比拟的。我们的少年朋友，要想胜任驾驭时代航船，就必须从现在起努力学习科学，增长知识，扩大眼界，认识社会和自然发展的客观规律，为建设有中国特色的社会主义而艰苦奋斗。

我真诚地相信，在这方面《少年科学文库》将会对你们提供十分有益的帮助，同时我衷心地希望，你们一定为当好 21 世纪的主人，知难而进，锲而不舍，从书本、从实践吸取现代科学知识的营养，使自己的视野更开阔、思想更活跃、思路更敏捷，更加聪明能干，将来成长为杰出的人才和科学巨匠，为中华民族的科学技术实现划时代的崛起，为中国迈入世界科技先进强国之林而奋斗。

亲爱的少年朋友，祝愿你们奔向 21 世纪的航程充满闪光的成功之标。

飞出地球不是幻想

郑延慧

19世纪，有几位大炮发明家设计了一门巨型大炮，然后将炮弹掏空，三位勇敢者带上准备登上月球的各种用具，钻进炮弹，乘着这枚笔直升空的炮弹，一直飞到月球，但因突然遇到流星的阻挠而偏离轨道，未能飞到月球着陆，最终历尽惊险返回地球。

这其实是一本科幻小说《从地球到月球》的故事梗概。它发表于1863年，作者是法国著名的科幻作家儒勒·凡尔纳。当时人们对于飞出地球虽然存在许多美好的期望，终不免将这一期望看做是一个幻想，顶多也只是尚符科学原理的科学幻想。然而时间仅仅过了不到100年，1957年10月4日苏联的第一颗人造地球卫星就升上了太空，1969年7月20日美国的宇宙飞船更载人登上了月球。

由幻想变成现实，是由于有科学理论的指导，又有各国杰出的科学家们在孜孜不倦地研制，将理论付诸实践。我们既不能无视科学理论的正确指导，更不能不记住世界上先进国家的一些杰出科技人才，将航天理论变为创造性的实际行动，使航天的愿望终于成为现实。这是人类科技史上不能不用浓墨重彩加以描述的事件。

说起航天，往往给人一种感觉，以为它是一种距离人们生活相当遥远的事业，其实恰恰相反，它与人们的生产生活关系非常密切，它的功绩首先集中反映在人造卫星的广泛应用上。从人们生活中天天看的电视，听的天气预报，到航海时不致迷失方向，庄稼能否丰收，在冰原上

寻找冰的裂缝等等，都离不开人造卫星忙碌而又准确的工作。就连地球的天然卫星月球也感到嫉妒的是，人造月亮也曾经悬挂在太空，代替月亮驱逐夜的黑暗。

那么中国的航天科技事业怎么样呢？这些年，人们对中国航天事业的成功已不那么陌生，从中国第一颗人造卫星"东方红1号"上天，到中国的长征系列运载火箭成功发射各种应用卫星，已经取得了辉煌的成就。中国的航天事业虽然起步较晚，但它是中国的科学家和科技人员独立自主、自力更生研制成功的，对于我们自己的专家们的心血和智慧，人们反而知之甚少，怎能不为他们的事迹大书特书一笔呢！

嫦娥奔月的神话故事曾经多么充满魅力，然而人类终于真正登上月球，在月球上留下人类的第一个脚印，这真是人类最为惊心动魄的壮举，这其中既充满风险，更为未来对月球的开发打下坚实的基础。

除了地球，人们更将目光投向浩渺的宇宙，探访太阳系九大行星奥秘的各式探测器不断发射出去，飞临土星、金星、木星考察，机器人索杰纳甚至乘"火星探路者"探测器登上了火星，而且向地球发回了不少关于火星的资料。更有甚者，前去探测哈雷彗星的探测器、探测太阳和探寻地外文明的探测器，也都已经启程。有的还带有地球的"名片"，去寻访"外星人"。宇宙的奥秘终将在21世纪被今天的航天爱好者们逐步揭开。

通往太空的交通工具，难道只有火箭？！火箭可是有去无回的呀。于是人们又想到了飞机，能不能制造（发明）出一种类似飞机，但又可以来往于地球和太空之间的交通工具呢？经过一番探索研制，航天飞机诞生了，它已多次完成了去太空修复太空望远镜、捕捉和修复失效卫星等光荣任务，也接受过惨痛的挑战，但至今已创造了近百次的载人太空飞行纪录，它的前途灿烂似锦。

有时人们不愿意在太空间来去匆匆，他们需要像在地球上建立的实验室那样，在太空做比较长时间的实验和进行各项科研生产，于是巨大的空间站就出现在太空中，有的已经在太空中工作了十多年，这样的奇

迹是多么的震撼人心！与此相关联的，那些去太空飞行的宇航员们是怎样生活的呢？当然，宇航员们的生活也是使少年读者充满好奇的一个侧面，永远为之向往。

在这本《最惊心动魄的时刻——航天科技99》里，两位作者对以上的内容，从八个方面，即航天理论及实践、中国航天的崛起、人造卫星的功绩、人类登月的壮举、探测宇宙的奥秘、航天飞机的挑战、空间站的飞行、宇航员的生活，通过真实、生动的事迹，特别是通过人物的经历，展现了人类航天事业的风采，既十分壮观，又内容丰富，会把少年读者带进一个美妙的航天世界去畅游。

这样丰富的内容，这样详尽准确的资料被概括在一本读物中，我们要感谢本书两位作者，一位是刘登锐，一位是李龙臣，他们长期在航天部门工作，同时也编写过一些航天科普读物，既是航天科技方面的作家，也是科普作家，所以通篇文字也就很适合少年朋友们阅读了。

目　录

1 乘炮弹飞出地球

——三个宇宙速度的提出

19 世纪末期，有一本科幻小说引起全世界读者的兴趣，它就是法国著名科幻作家儒勒·凡尔纳写的《从地球到月球》。小说里的主人公怎样才能达到飞向月球的目的呢？作者是这样描写的：

"在美国南北战争结束以后，一些退伍军人在巴尔的摩俱乐部讨论说，现在不打仗了，何不造一种特别大的巨型大炮，让人坐在这大炮的炮弹里，利用大炮中炮弹射出去的速度，把人送到月球上去呢？"

于是他们制造了一门 270 米长的大炮，再制作了直径 2.74 米、重8.7 吨的铝制炮弹，把炮弹设计成载人宇宙飞船，里面安装了温度计、气压表、月理图以及防备月球野兽的枪支弹药，装载了准备在月球上安居乐业的农具和谷物种子等，三位探险者带上两只狗、几只鸡，乘坐在炮弹里，被点燃的火药垂直地发射出去，以预定每秒 11 千米的速度，直奔月球。他们已经接近了月球，不过后来偏离了轨道，又折回地球，最后溅落在太平洋上。

作家凡尔纳怎么会想到让小说中的主人公去乘坐炮弹呢？人们认为，这可能是从 17 世纪英国著名科学家牛顿那儿得到的启发，因为牛顿发现了万有引力，认识到地球巨大的地心引力会使所有物体最后都落到地面上来，克服地心引力的办法只有加大速度。牛顿在他的著作里写道：

"如果在山顶上架起一门大炮，用火药的力量把一颗炮弹按水平方向射出去，炮弹落到地面以前，会沿着一段曲线飞过一段距离。假设没

有空气的阻力，我们使炮弹的速度增加一倍，它飞行的距离也增加一倍；如果速度增加十倍，飞行的距离也会增加十倍。只要增加速度，就可以任意增加飞行的距离。因此，只要把速度加大到一定程度，就可以使炮弹绕着地球飞行而不落到地面上来，甚至飞入宇宙空间，直到无限远。"

那么，究竟要达到多大的速度人们才能克服地球的引力，不致落到地面上来，甚至可以摆脱地球的引力，飞到宇宙空间去呢？

根据牛顿的万有引力理论，经过计算，科学家找到了明确的答案，那就是：

如果一个物体达到每秒 7.9 千米的速度，就能绕着地球不停地转圈子，不致落到地面上来，成为地球的人造卫星。这个速度被叫做第一宇宙速度，也叫"环绕速度"。

如果速度达到每秒 11.2 千米，炮弹就能摆脱地球的引力，飞出地球，成为绕太阳的一颗新行星——人造行星。这个速度被叫做第二宇宙速度，也叫"逃逸速度"。

三个宇宙速度

①发射速度每秒 7.9 千米，航天器绕地球运行

②发射速度每秒 11.2 千米，摆脱地球引力

③发射速度每秒 16.7 千米，飞出太阳系

如果速度再增加到每秒 16.7 千米，连太阳的引力也管不住了，物体就能飞出太阳系，飞向无边无际的太空深处。这个速度被叫做第三宇宙速度。

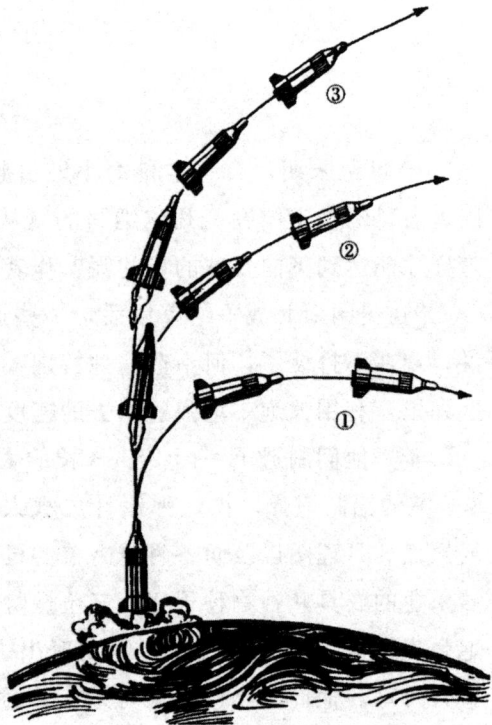

三个宇宙速度的提出，是人们研究航天器的理论根据。

而人们第一步要达到的目的，是达到第一宇宙速度，制造出绕地球飞行的人造卫星；然后再摆脱地球的引力，直奔月球。在当时的技术条件下，怎样才能得到这样大的速度呢？连牛顿都用射出去的炮弹来说明，因此，科幻作家凡尔纳就让几位大炮专家，作为飞向月球的勇敢者乘着炮弹去旅行了。

2　腋下夹着星球的怪人

——飞出地球摇篮预言的提出

20世纪，人类经过长达一个世纪的探索，进入了航天时代。俄国科学家康斯坦丁·齐奥尔科夫斯基被称为这个时代的鼻祖，他在人类航天史上第一个奠定了飞出地球摇篮的理论基础，为人类征服太空指出了奋斗方向。

齐奥尔科夫斯基1857年9月17日诞生在梁赞州伊热夫斯基村的一位林业管理员家庭。他8岁时患猩红热，丧失听觉，给上学带来困难，因此念完小学三年级就辍学了。但他靠勤奋自学，修完从中学到大学的课程，并于1878年在家乡开始中学教师的生涯。

在波罗夫斯克中学里，齐奥尔科夫斯基对航天情有独钟，在教学之余，沉迷于研究如何冲出大气层进入无引力世界的问题。人们看到他如痴如醉地幻想到宇宙去旅行，称他是一位"怪人"。但齐奥尔科夫斯基不顾旁人的非议和嘲讽，以顽强的毅力坚持自己的宇航理论研究和实验。

齐奥尔科夫斯基在研究中认识到，在地球上空的2000千米以外，

不再有空气存在，因此靠飞机是不能飞出地球实现宇宙航行的。那么，在宇宙中航行的器具靠什么作动力呢？根据牛顿提出的作用力和反作用力的定律，齐奥尔科夫斯基认为，如果有一股强有力的气体向后喷出，那么就必然能得到向前推进的动力，于是提出了关于利用反作用力和压缩气体的喷发力作为宇宙飞船动力的设想，并动手制造和实验能飞行的机器模型。

不料祸从天降，有两件令人痛心的事向他袭来。一件是因邻居草棚失火而引起火灾，把齐奥尔科夫斯基家的图书、工具、模型和手稿等化为灰烬，多年的心血付之东流；一件是他的才华和正直受到嫉妒，给研究工作造成极大困难。他不得不离开波罗夫斯克中学，移居卡卢加城，一面在市立女子中学教书，一面继续从事他的宇航研究工作。

1895年，齐奥尔科夫斯基完成《关于地球和宇宙的幻想》一书，提出了有关人造卫星和人造行星的设想。1898年完成论文《利用喷气装置探索宇宙空间》，这标志着宇航理论有了新的突破。在这篇划时代的论文中，他提出了制造流线型飞船的方案，阐述了获得最大燃烧温度的液体燃料火箭的原理，特别是创立了关于火箭运动的"齐奥尔科夫斯基公式"。这个公式成为航天事业的基础。齐奥尔科夫斯基还进一步提出利用多级火箭运载人造卫星和宇宙飞船的构想，这一理论成果在航天史上具有重要意义。但是当时人们还没有认识到它的价值，而且因为他那飞出地球的理论触犯了俄国皇家学会的老爷们，他们将齐奥尔科夫斯基的学说看做是异端邪说。莫斯科一家杂志还发表了一幅漫画，讽刺他是头顶地，脚朝天，腋下夹着大大小小的星球，企图把青少年引向邪路的怪人。齐奥尔科夫斯基的研究成果反而遭到无端的歧视和嘲笑，因此这篇著名论文在5年之后的1903年才在有识之士的帮助下得以公开发表。齐奥尔科夫斯基对此深为愤慨地回忆说："实际上，有些事物落后，但是它们却毫不费力地出现在我们面前。所有伟大的开始都似乎是不适时的，虽然没有被禁止，但却得不到同情，它们或是萎缩，或是以极大的努力和牺牲才传播开来。"

1916 年，齐奥尔科夫斯基发表科幻小说《在地球之外》，描绘了 100 年后发射宇宙飞船飞抵月球的情况。他的这一预言，不料竟提前将近半个世纪，在 1969 年实现了。

俄国十月革命胜利后，这位几乎被遗忘的中学教师受到苏维埃国家的高度重视，不仅理论研究有新的突破，而且还设计了液体冷却式火箭发动机，提出了火箭总体设计方案。他在晚年仍不遗余力地工作，希望亲眼看到火箭上天计划的实现。1933 年 5 月 1 日他

齐奥尔科夫斯基在工作

已 76 岁，在卡卢加城发表广播讲话说："40 年来，我一直在从事火箭原理的研究，我始终坚定地认为，在可预见的将来，人类将可能飞向火星。尽管时代在变，但这个理想总是要继续下去的。今天我确信，你们当中的许多人将可以亲眼见到飞船在行星之间航行。"

1935 年 9 月 19 日，这位被誉为"宇航之父"的伟大科学家的心脏停止了跳动，与世长辞。他关于人类飞出地球摇篮的预言今天已经实现，人们看到了星际航行时代的到来。

3 "这下我可创造了历史！"

——第一枚液体火箭的希望

在美国哥达德航天中心竖立的一座纪念碑上，镌刻着"美国火箭之父"罗伯特·哥达德的一句名言："很难说有什么办不到的事情，因为昨天的梦想，可以是今天的希望，而且还可以成为明天的现实。"这段话，也是哥达德研制火箭一生的真实写照。

1882年10月5日，哥达德诞生在马萨诸塞州伍斯特城。在中学时代，世界上众多的科学成就激发了他的想象力和创造热情，每一项发明，包括电灯、留声机、无线电报、滑翔机等，都给他以深刻影响。他后来在日记里写道："开创事业的往往是那些不怕失败的人。"

1904年，哥达德考入伍斯特理工学院。他在一篇《1950年的旅游》的命题作文里，以丰富的想象力和扎实的科学基础，描述了一条从波士顿通过纽约的钢制真空管道旅游工程。他让自己的幻想驰骋，设计一辆借助磁悬浮推进的列车，以每小时1930千米的速度，在这条长达320多千米的管道里，只需10分钟就可走完全程，而当时的普通火车却要花8小时。后来的科学家证实了哥达德提出的这个大胆设想符合科学原理，以至1950年把这项专利追授给这位科学幻想者。

1908年，哥达德从伍斯特理工学院毕业后，在著名教授米切尔森和赫尔姆霍尔兹指导下，打下了坚实的物理学基础，把研究的注意力转向火箭和宇航科学领域。1912年，哥达德成为普林斯顿大学帕尔默物理实验室的研究员，倾注全力于火箭推进的理论计算工作。由于劳累过度，他患上了严重的肺结核。但哥达德不顾疾病的折磨，像喷射火焰的

火箭一样勇往直前。他在给一位友人的信中写道："生命如此之短暂，而世上又有那么多的事需要我们去做，这是令人着急的一件事。我们应当甘冒风险，去完成那些我们力所能及的工作。"

哥达德最终战胜了病魔，全身心投入工作中，在火箭动力的理论研究方面取得很大进展。1919年，哥达德写出一篇论述脱离地球引力击中月球的火箭的论文，使他声名大振。1920年1月11日和12日，美国各大报发出一条轰动一时的新闻，宣称哥达德成功地设计了一种新型高效多级火箭，这种火箭不仅能把探测仪器送到320千米的高度，而且可以直达月球。

哥达德在理论上打下坚实基础之后，便着手研制液体燃料火箭。哥达德认为，在地球的大气层以外，不管使用什么燃料，都不可能得到帮助燃烧的氧气，于是他提出采用可燃烧的液体燃料和帮助燃烧的液体氧作为推动火箭前进的动力，并且把马萨诸塞州奥本郊区的沃德农场，变成液体发动机及其各种部件的试验场。1923年4月29日开始，哥达德在沃德试验场做火箭大型贮箱点火试验，连续3次失败，也不灰心丧气。1925年底在克拉克大学实验室进行火箭静态试验后，制造了供飞行试验的液体火箭样机。

1926年3月16日，是世界火箭发展史上一个永不磨灭的日子。这一天下午2时30分，世界上第一枚使用液氧和煤油作燃料的液体火箭成功地进行了飞行试验，火箭飞行2.5秒，上升高度12.5米，飞行距离56米。这虽然离实用尚早，但却使哥达德兴奋不已，他大喊："这下我可创造了历史！"这确实是20世纪初创造的一大奇迹，为人类利用液体火箭敲开宇宙的大门奠定了基础。

然而，在另外一些人看来，火箭仅仅飞行这样一点高度和这样一点距离，和实现从地球飞向月球的愿望，差距实在太大了，因为从地球飞向月球有38万千米的路程哩！于是有人讥讽地称哥达德为月亮教授，称他研制的火箭为月亮火箭，而且哥达德也失去了支持对这一项研究的赞助。不过哥达德对实现自己的愿望并不灰心，在处境最困难的时候写

下了这篇故事开头时引用的那段名言。

　　然而，总归有明智的人认识到哥达德的实验为人类科学利用液体火箭敲开宇宙的大门奠定了基础，最后他得到第一个驾机飞越大西洋的飞行员林白的支持。林白说服慈善家捐款，为哥达德在新墨西哥州的罗斯韦尔建立了一座较大规模的火箭试验场。经过苦心钻研，克服资金困难，他研制的现代火箭陆续获得成功。1944 年，第二次世界大战期间，

哥达德研制的火箭试飞

哥达德发现德国用于屠杀无辜的 V-2 导弹与自己苦心研制的火箭相差无几，但这种火箭却未能先于德国使用来保卫和平居民时，感到十分痛心。不幸的是，第二次世界大战结束后，1945 年 8 月 10 日，哥达德病逝。但他研制试验的第一枚液体火箭成为火箭从理论到应用的一个重要标志，为人类航天开辟了成功之路。

1957 年 10 月，苏联的第一枚洲际火箭升空，使用的燃料正是液体燃料，这时，美国当局开始重新认识哥达德的理论和研究的价值，为此特地在马里兰州建立了哥达德宇航中心，并且在一座纪念碑上刻下了他说过的那段名言。

4　骆驼会发现新水源

——欧洲火箭专家寻求上天之路

1928 年秋，德国乌发电影制片公司拍摄一部名叫《月球上的女人》的科幻片，制片商聘请赫尔曼·奥伯特作科学顾问，并计划在这部电影举行首映式时发射一枚真火箭来作宣传。奥伯特在著名飞行员内贝尔的帮助下，制造了一枚两米长的小火箭，但在试验时发生爆炸。这次火箭发射表演虽然失败，但在电影公映后，奥伯特和一些年轻火箭科学家，如布劳恩、恩格尔等一起继续研制和改进他设计的火箭。1930 年 7 月 23 日，这枚火箭终于发射成功，飞行高度达到 20 千米。

奥伯特的火箭在 1930 年得以发射成功，在欧洲也是一件很了不起的事。他与美国第一位进行液体火箭试验的哥达德是同代人，因而也被称为"欧洲火箭之父"或"德国火箭之父"。

不过奥伯特并不是德国人，他的故乡后来划给罗马尼亚，所以他应

是罗马尼亚公民。他于1894年出生在一位医生的家庭，在少年时代就喜爱阅读描写宇宙航行的科幻作品，对宇宙航行产生了浓厚的兴趣。他因此放弃了大学时学习的医学专业，改为专攻物理和数学，并且当了一名教师。

年轻的奥伯特在报上看到美国哥达德进行液体火箭试验的报告后，兴奋不已，立即写信给哥达德说：

"我从事研究如何用火箭飞出地球的问题已经多年，当我正要发表我的实验和计算结果时，从报上得知，我在这方面的探索不是孤立的，而您在这方面已做了很重要的工作。虽然我做了不少努力，但仍望赐教。"

奥伯特本人对火箭独立进行了许多研究，1922年，提出了空间火箭如何点火的理论公式。1923年，他发表了《飞往星际空间的火箭》的著名论文，创立了火箭的数学理论，用数学阐明了火箭如何获得脱离地球引力的速度，提出了关于火箭构造和高空火箭的新概念。这篇论文实际上是论证了他在理论上确立的通天之路，奠定了他作为宇航先驱者之一的地位。

由于当时德国对火箭的研究比较活跃，奥伯特于1940年又到德国，准备与他当年的年轻助手布劳恩合作继续火箭的研究。不料不久就爆发了第二次世界大战，奥伯特不幸遭到德国警察逮捕，被派到布劳恩手下去从事火箭设计计算工作。

法西斯发动的世界大战，使德国不可能再从事飞往宇宙的火箭研究，而是转向了参与研究杀害民众的 V-2 导弹武器。

1945年，德国法西斯投降，第二次世界大战结束，奥伯特被收容，先后辗转到瑞士、意大利担任火箭技术顾问。1957年夏，当年在德国研制 V-2 导弹的布劳恩已经在美国从事属于航天事业的火箭研究，奥伯特受布劳恩之邀，到美国任陆军红石兵工厂顾问，继续从事火箭研制工作。几年之后，他提出的"行星际火箭"终于划破苍穹，飞到其他星球，架起了与地球之间的桥梁。奥伯特梦寐以求的愿望在异国的土地上

奥伯特在解释一个行星理论问题

实现了。

奥伯特在他的自传中说过："一般认为，骆驼能在它们渴了的时候发现新的水源。"他的确如同一匹在沙漠中行走的骆驼，一直如饥似渴地去寻找通向太空的道路。

5 古罗马的守门神

——火箭的两副面孔

"火箭就像古罗马的守门神那样具有两副截然不同的面孔，即火箭既可用于和平的空间探索，也可以用于毁灭人类的战争。"

这段话是著名的火箭专家冯·布劳恩于1949年在一篇题为《宇宙航行——国际科学研究计划》的论文中说的。这时第二次世界大战已经

结束，曾经是德国法西斯火箭专家的布劳恩，在德国战败后来到了美国，继续从事火箭研究，但在德国时他研究火箭的目的是用于毁灭性的战争，而到了美国后继续进行用于和平目的的火箭研究，因此才有这样深切的体会。

其实布劳恩从一开始就热心于和平目的的火箭研究，并不是为了战争的目的才去搞火箭的。他于1912年3月23日生于德国威尔锡茨城的一个高级官员家庭。他13岁时阅读了"德国火箭之父"赫尔曼·奥伯特写的《飞向星际空间的火箭》，唤起他探索宇宙奥秘的兴趣。他后来对人说："这本书令我异想天开地去作星际旅行。这是需要我付出毕生精力去从事的事业。我不只是用望远镜去凝视月球和行星，而且还要遨游太空，解开宇宙之谜。"

1928年，布劳恩在上中学时根据自己所学的知识和想象，绘制了一幅带有许多技术细节的宇宙飞船的草图，并用准确生动的文字描述了人类乘坐飞船进行天外旅游的设想和解决的技术问题。1930年，布劳恩进入柏林工学院，不久参加了德国宇宙旅行协会，并成为他仰慕已久的奥伯特教授的助手，在其指导下从事早期液体火箭发动机的研究工作。1931年9月，他参与研制的"微型1号"火箭进行首次飞行表演。1934年，年仅22岁的布劳恩完成《推力为140千克和300千克火箭发动机的理论和实验研究》论文，获柏林大学博士学位。这篇论文标志他投身宇航事业迈出的重要一步。

这时的德国正准备发动第二次世界大战，军方在乌泽多姆岛的佩内明德村建立起一个火箭研究试验中心，招募了包括布劳恩在内的一批火箭专家，研制用于战争目的的火箭——V-2导弹，于是火箭就成了可怕的战争武器。

V-2导弹发动机的原理和结构都与火箭发动机相同，能携带液体燃料和氧作为飞行的动力，准确地飞到预定目标。V-2导弹又叫V-2火箭。这种火箭于1942年研制发射成功，1944年投入实战，成为杀伤性、毁灭性极大的武器。在第二次世界大战期间，德国向英国总计发射

了 4300 枚 V-2 火箭，其中 1230 枚击中伦敦，夺去了 2511 名英国人的生命，还使 5869 人受到重伤。

1945 年德国法西斯投降，33 岁的布劳恩把他的火箭研制小组全体人员移交给了美国陆军，开始时在美国的陆军兵工厂工作。1950 年兵工厂改为美国国家航空航天局的马歇尔太空飞行中心，布劳恩的科研工作才又转回到用于和平目的的航天课题上来。

因此，布劳恩说火箭就像古罗马的守门神那样具有两副面孔，既可用于战争，也可用于和平，这话确实包含着他本人切身的体会。所以，后人称 V-2 火箭是令人失望的成功。

6 错把武器当烟囱

——V-2 火箭未被侦破

在第二次世界大战末期，德国法西斯给英国等同盟国带来巨大灾难的 V-2 火箭，是德国为了挽回面临的败局，在德国陆军佩内明德研究中心，由多恩伯格领导、布劳恩作出重要贡献而秘密研制成功的。"V"是德文"复仇"的第一个字母，所以又叫"复仇武器"。V-2 火箭于 1942 年 10 月 3 日第一次发射成功。1943 年 6 月，希特勒下令在 4 个月内生产 9000 枚 V-2 火箭。从 1944 年开始，德国人在许多地方建造了 V-2 火箭发射场。到 1944 年 9 月初，许多 V-2 火箭已经垂直竖立在发射台上，准备对英国首都伦敦和其他目标进行袭击。

当时同盟国的特工人员已经发现，希特勒德国在研制一种秘密武器，并了解到在靠近波罗的海的佩内明德建有研制基地。1943 年 8 月，英国飞机开始对佩内明德进行轰炸，但没能刹住德国人研制秘密武器的

势头，英国人很是担心。

不久，德国占领的波兰被苏联红军解放，英国首相丘吉尔于 1944 年 7 月 13 日给苏联领袖斯大林写信，说德国拥有的新式武器严重地威胁着英国，请允许英国专家去波兰境内进行调查。英国还曾经派出过侦察飞机到德国和被它占领的地方进行了反复侦察，其实英国已经多次侦察到 V-2 火箭发射场和竖立在发射台上的 V-2 火箭，并且拍摄了侦察照片，专家们对这些侦察照片也进行了反复的研究、判断。遗憾的是，专家们认定那些火箭发射场是正在兴建的工厂，那些垂直竖立在发射台上的 V-2 火箭，是这些工厂

V-2 火箭升空

的烟囱。因为在他们的脑海里，所有射向远方的大炮，都是倾斜着发射的，万万没有想到有垂直发射的新式武器能飞过英吉利海峡，隔海打到英国领土。再有，当时德国的佩内明德既是德国的火箭研制中心，但同时也是德国的航空研究中心，确实有许多工厂和烟囱。既然没能识别那是一种火箭武器，也就没有采取任何对策来防御这种火箭武器。

结果，1944 年 9 月 8 日，德国人开始向英国伦敦等地发射 V-2 火箭，在以后的 7 个月内，共发射了 6400 枚，其中向英国发射了 4300 枚，有 1230 枚落到了英国的伦敦，造成 2511 人死亡，6467 人受伤。

这种 V-2 火箭是单级液体火箭，全长 14 米，重 13 吨，弹药重 1 吨，安置在火箭的头部。它携带酒精和液氧作为燃料，垂直发射，飞行的速度达到每秒 1600 米，高度可达 96 千米，而且能按照预先确定的程序转弯，所以人们又将这样的火箭武器称为"导弹"。

V-2 火箭虽然是作为杀人武器而诞生的，但它也是一个时代的标志。现在发射人造卫星、宇宙飞船和空间探测器等各种航天器的运载火箭，都是从 V-2 火箭脱胎出来的，它们的构造基本相同。可以说，V-2 火箭是现代火箭的鼻祖。

目前，只有火箭才能把各种航天器送进太空。火箭是目前人类唯一的"登天梯"。没有火箭，就没有航天活动！火箭是造福人类的工具。但是，与 V-2 火箭是战争武器一样，现在各种威力强大的火箭，也可以用来运送原子弹和氢弹等核武器，那就是核导弹。我们希望所有火箭都用来为人类造福！但愿火箭成为真正的"登天梯"——人类通向太空的通道。

7　向地球引力挑战成功

——第一列太空列车

1957 年 10 月 4 日夜晚，在苏联拜科努尔发射场，一枚巨型火箭将一个重 83.6 千克的金属小球送入太空，从轨道上传回"嘁嘁啪啪"的无线电发报声。人们都在庆贺世界上第一颗人造地球卫星的诞生，但却并不知道，这是一生坎坷的科学家谢尔盖·科罗廖夫所建立的伟大功绩。

科罗廖夫 1907 年 1 月 12 日诞生在乌克兰的一个教师家庭。1929 年

秋他参加组建喷气推进研究小组，并到卡卢加城拜访仰慕已久的齐奥尔科夫斯基，这次会见成为他毕生从事宇航事业的转折点。科罗廖夫后来回忆说："从前我的理想是驾驶自己设计的飞机飞行，而见到齐奥尔科夫斯基之后，我一心只想制造火箭并乘坐飞船到太空飞行，这已成为我生命的全部意义。"1933 年 8 月 17 日，他参加研制的苏联第一枚液体燃料火箭发射成功。此后，因苏联肃反扩大化，科罗廖夫受到牵连，被流放到一座荒无人烟的小岛服苦役，暂时离开了他心爱的火箭事业。

第二次世界大战结束后，科罗廖夫利用缴获的德国 V-2 导弹资料，继续开展火箭研究工作。这时由于他在卫国战争中研制火箭作出的卓越成绩，已解除了囚徒生活。1946 年 8 月，科罗廖夫被任命为苏联第一枚弹道导弹的总设计师。他不辞辛劳地组织科研生产，协调各部门之间的关系，亲自参与调配人员、原材料、仪器设备、厂房、住宅和能源，赶赴渺无人迹的荒原踏勘和建设火箭发射场。

在战争结束不久的 20 世纪 40 年代，科罗廖夫为政府设计了多种弹道导弹，以对抗与美国激烈的军备竞赛。然而到了 50 年代，美国和苏联两国的较量逐渐转向航天领域。1956 年底，苏联得知美国的运载火箭已进行了飞行试验，而苏联却因卫星技术过于复杂而滞后于美国。这时，科罗廖夫提出一个惊人的计划：造一个空心铝合金小球，装上电源和发报机，造一个简单的人造卫星，以便抢在美国之前使卫星上天。这个计划立即被苏联政府批准。

1957 年 5 月，科罗廖夫首先研制成功单级地球物理火箭，并把 2200 千克的载荷送到了 2.2 千米的空中。8 月 3 日第一枚洲际导弹发射成功后，科罗廖夫决定用它采用捆绑的办法组成两级火箭，于 10 月 4 日把世界上第一颗人造地球卫星送入轨道。

这一天，在苏联拜科努尔发射场上，耸立着命名为"卫星号"的两级运载火箭，火箭顶上装着一个银色的空心铝球——它就是科罗廖夫倡议的第一颗人造地球卫星。点火以后，火箭喷出万丈烈焰，直冲云霄。几分钟以后，卫星从火箭顶部弹出，进入环绕着地球作椭圆形飞行的轨

道运行，同时发报机被启动，向地球不停地发出"嘀嘀嗒嗒"的无线电发报声。

于是全世界都知道苏联成功地发射了第一颗人造地球卫星，虽说它重量不大，结构也不复杂，但它毕竟是人类第一次向地球引力挑战获得成功，开创了人类航天的新纪元。

科罗廖夫终于实现了制造航天火箭的梦想，他在这一事业上建立的功绩将永载史册。

8　为了达到第一宇宙速度

——第一颗人造地球卫星的诞生

虽说科罗廖夫在组织火箭研制上表现出卓越的组织才能，也提出了如何使人造地球卫星快速升入太空的创新建议，但是怎样才能造出可以将人造地球卫星送入地球轨道的火箭，还有一个关键的问题需要解决，这就是如何使火箭达到所要求的速度的问题。

为什么速度问题成为关键呢？

这是因为，地球具有强大的地心引力，如果一个物体达不到能够克服地心引力的速度，最终总会被地心引力吸落到地面上来。根据英国科学家牛顿万有引力公式的计算，物体必须达到每秒7.9千米的速度，才不会被地球引力吸回而环绕地球飞行；达到每秒11.2千米的速度，就可摆脱地球的引力，飞出地球环绕太阳运行；达到每秒16.7千米的速度，就可克服太阳的引力而飞出太阳系了。这就是航天科技中著名的三个宇宙速度。

因此，如果要将一颗人造地球卫星送上绕地球运行的轨道，必须达

到每秒 7.9 千米的速度。要知道，当时试验得到液体火箭飞行的速度仅为每秒 2.2 千米，距离每秒 7.9 千米的要求还差一大截哩！

第二次世界大战结束后，苏联的吉洪拉沃夫进入火箭研究小组，与科罗廖夫一同研究如何才能使火箭达到第一宇宙速度。1948 年，吉洪拉沃夫和科研小组的同事经过大量繁杂的计算，证明只有采用多级火箭，使第二级火箭在第一级火箭达到的速度的基础上，再加快速度，才可将速度进一步提高。因此，从原则上分析，多级火箭可以使物体达到每秒 7.9 千米的第一宇宙速度，成为绕地球运转的人造地球卫星。

1948 年 6 月，吉洪拉沃夫在科罗廖夫的积极支持下，作了题为《在现代技术水平下借助多级火箭达到第一宇宙速度和制造人造地球卫星的可能性》的研究报告。这时科罗廖夫研制的火箭速度可达每秒 3 千米。吉洪拉沃夫完成了理论上对两级火箭功能的分析，证明两级火箭速度可以达到每秒 8 千米，基本接近把人造地球卫星送入地球轨道的要求。

怎样在这样的基础上使火箭的速度再作提高呢？吉洪拉沃夫又从另一个角度去思考：减轻重量。同样大的动力，推动轻的物体肯定比推动重的物体可以得到更高的速度。因此，经过几年的研制，到 1956 年底，吉洪拉沃夫向科罗廖夫建议："把卫星造得再小一点，简单一点，卫星设计最好为 30 千克重。"这个建议被科罗廖夫接受。经过几番比较筛选，决定造一颗设计重量约为 83 千克的人造地球卫星。于是，科罗廖夫与吉洪拉沃夫一同进行运载火箭与人造地球卫星的联合试验协调工作，9 月初，在设计人员的护送下，这颗卫星被运到了苏联拜科努尔发射场。

1957 年 10 月 4 日，探照灯把整个发射场照得通明。发射时，从卫星发射控制中心的观测站看到一道白光闪过之后，突然间大地震颤，从地下喷出一团火焰。刹那，浓浓的烟雾和气团罩住了喷着火舌的火箭尾部，火箭冲出烟尘，直向空中飞去，火光照亮了夜幕中的草原。过了一

会儿，从太空传回"嚓嚓啪啪"的无线电发报声，它就是那颗我们在前面那篇故事中谈到的空心铝合金小球，然而它又确实是一颗绕地球运转的人造地球卫星。吉洪拉沃夫领导研制的第一颗人造地球卫星发射成功了。因此，吉洪

世界上第一颗人造地球卫星（苏联）

拉沃夫被苏联公认为是第一位主要负责实际设计人造地球卫星的工程师。

1900 年吉洪拉沃夫出生在一个律师家庭，不到 10 岁时他第一次见到飞机，从此迷上航空书籍，向往飞行。但在 1927 年他见到了后来成为航天总设计师的科罗廖夫后，又将浓厚的兴趣转向火箭设计和研制，经过 30 年的努力，终于将第一颗人造地球卫星送入了太空。

9　最惊心动魄的时刻

——为实现登月的航天决策

宇宙飞船载人登上月球，是人类航天史上一个重要的里程碑。完成这一伟大壮举，美国国家航空航天局的飞行控制专家克里斯托弗·克拉夫特发挥了举足轻重的作用，他为实现"阿波罗"飞船载人登月计划写下了光辉的一页。

在第二次世界大战后，美国制定了一个"阿波罗"登月计划，本来是为了在航天竞赛中超过苏联。但是，当美国还在吃力地进行载人围绕地球飞行的试验时，苏联已于1968年9月15日成功发射了"探测器5号"，于9月21日环绕月球飞行，并将海龟、细菌、种子等第一批生命送到了月球。于是人们普遍地认为，苏联的载人飞船可能于1969年春天进行环绕月球的飞行。而美国原计划于1968年冬天进行的"阿波罗8号"载人飞行方案，目标只是绕过月球。这样，美国显然仍旧不能取得登月竞赛中的领先地位。当时主管"阿波罗"计划的乔治·洛举棋不定，就去与克拉夫特商量。

克拉夫特当时在美国国家航空航天局负责航天飞行控制研究。了解到乔治·洛对原定"阿波罗8号"绕过月球飞行的计划的困惑后，克拉夫特认为，为了赶在苏联之前达到载人登上月球的目的，必须"甩掉那个绕过月球的方案，那是一种'爬行方式'"。克拉夫特大胆提出，"阿波罗"飞船应先载3名宇航员直接进行环绕月球的飞行。他自信地说："我坚决认为，我们应当进入月球轨道，因为我们需要这种飞行提供的数据，来决定我们为实现登月飞行到底还需要做些什么。"

经过这样一番决策规划，美国国家航空航天局修改了原定"阿波罗8号"只绕过月球飞行的计划。1968年12月21日用"土星5号"火箭发射的"阿波罗8号"飞船，就按照克拉夫特的设想，有3名宇航员坐在飞船上进行了载人飞行试验。试验的内容包括环绕地球和月球飞行、登月舱脱离环月轨道降落月球的模拟试验、轨道机动飞行和模拟会合、模拟登月舱与指挥舱的分离和对接等，实现了人类的第一次环绕月球的载人飞行。克拉夫特后来总结说："'阿波罗8号'的飞行是我们实现登月计划的关键，它也是我们真正压倒俄国人的标志。那次飞行是我一生经历中最惊心动魄的时刻。"

"阿波罗8号"以及之后的"阿波罗9号"、"阿波罗10号"载人飞船环绕月球飞行的实验，为"阿波罗11号"飞船正式登月成功，提供了充分的试验依据。

在"阿波罗8号"于1968年作环绕月球飞行不到一年之后,1969年7月21日,克拉夫特坐在休斯敦航天中心的指挥室里,在屏幕上看见阿姆斯特朗和奥尔德林踏上月球表面时,对自己担任指挥的使命顺利完成感到无比欣喜。

克拉夫特于1924年2月28日诞生在弗吉尼亚州菲伯斯城。他在3岁时被火烧伤,因此长大后想当飞行员而未能如愿,内心感到十分遗憾。但是他对飞行的兴趣一直未减。他家乡建立的兰利航空实验室专门从事飞行研究和试验,对克拉夫特的未来产生了很大影响。

1944年11月,克拉夫特从弗吉尼亚工学院毕业后,到美国航空咨询委员会的飞行研究部工作,走上了从事飞行研究的道路。直到1958年10月美国航空咨询委员会改为国家航空航天局,克拉夫特也随之转到该局负责航天飞行控制研究,施展他的抱负和才能。

克拉夫特后来成为休斯敦航天中心的总指挥,为抢先多次载人登上月球作出了历史性的贡献。

10 "二等公民"的杰出贡献

——布劳恩的登月飞船

第二次世界大战结束后,作为德国火箭技术专家的布劳恩到了美国,继续从事火箭和导弹的研究。虽然他为美国的导弹技术的全面发展奠定了理论和技术的坚实基础,但当时美国的军方人士认为,美国是依靠轰炸机把原子弹投到日本广岛去的,不相信"用一枚火箭就能运载着原子弹,从一个大陆打到另一个大陆",对导弹的研制并不十分重视。20世纪40年代末,曾有人提出过研制卫星的建议,也被认为是"轻浮

的"、"异想天开的"事情。

1953年，布劳恩提出了"火星计划"。在这个计划中，布劳恩非常详细地描述了人类进行星际航行的规模、手段和方法，可能出现的技术障碍和防护措施以及其他具体技术问题，向美国政府提出全力以赴五年研制发射卫星的意见。

这本是布劳恩的杰作，但是这个计划公布后，布劳恩却遭到了暴风雨般的猛烈抨击。人们对远征火星的两个基本问题提出质疑：一个是费用太大的问题，一个是有什么作用的问题。这迫使布劳恩不得不作出回答。

在回答第一个问题时，布劳恩明确地指出，远征火星的费用，无论如何也不会超过一场局部战争所消耗的金钱。

在回答第二个问题时，布劳恩巧妙地借用了19世纪著名物理学家和化学家法拉第在表演他设计成功的磁能生电实验时，回答参观者提问"这有什么用的？"的一句话"一个初生的婴儿又有什么用呢？"

布劳恩的意思是，随着航天技术的发展，包括远征火星在内的星际航行总是会实现的。"火星计划"最好是比作一个"婴儿"，它将对于人类开发行星资源，改造行星世界，使它成为适合人类居住的文明星球等等，都具有伟大的意义。

尽管布劳恩做了很大努力，但他提出的发射卫星的意见，仍未引起美国政府的重视和赢得支持。直到1957年苏联第一颗人造地球卫星升空后，美国才恍然大悟过来，赶紧借助改进布劳恩研制的"丘比特C型"火箭，于1958年1月31日发射成功美国第一颗人造地球卫星。1961年1月20日，美国提出把人送上月球作为20世纪60年代的国家目标。为了赢得与苏联竞争的彻底胜利，肯尼迪总统问科学家："在60年代我们能不能把人送上月球？"总统的话音刚落，布劳恩就斩钉截铁地回答说："行！"布劳恩的回答，使"阿波罗"登月计划被定为美国20世纪60年代的"国家目标"。

1960年7月，布劳恩筹建马歇尔航天中心，制定了研制大推力火

箭"土星号"发射"阿波罗"飞船登月的计划。经过将近十年的研制与不断改进，终于制成当时最大的巨型三级运载火箭"土星5号"，于1969年7月20日将"阿波罗11号"飞船送上月球，使月球上第一次留下了人类的足迹。从1967年11月到1972年12月，美国在5年之内用"土星5号"火箭先后发射14艘宇宙飞船，其中完成6次发射载人登月飞船的任务。这不仅是布劳恩的最杰出的成就，也是人类航天史上最辉煌的成就之一。

11 从失败中重新振作起来

——欧洲空间局的科学态度

欧洲空间局是由欧洲12个成员国组建的研究航天技术的机构，经过10年的艰辛研制，"阿丽亚娜5号"火箭定于1996年6月4日发射。这次发射不同一般，因为它是1987年11月欧洲空间局12个成员国的工业部长会议上作出的决定。

决定认为：为了巩固欧洲空间局在商用卫星发射领域的领先地位，同时用于未来的载人航天飞行，研制"阿丽亚娜5号"大推力运载火箭。

设计中的"阿丽亚娜5号"火箭，无论从形体上和运载能力上，都是大型的。它高约51.4米，由一个直径5.4米的液氢液氧芯级火箭捆绑两个直径3.05米的大型固体助推器组成。它的起飞质量约710吨，起飞推力达1300吨，同步转移轨道的运载能力为6.8吨，低轨道运载能力达18吨。这样大规模的设计，仅靠欧洲一个国家的人力财力都是难以完成的，所以它动员了12个国家的上万人，经历10年的时间，才

得以研究完成。

制成的"阿丽亚娜5号"火箭，并不在欧洲的某个地点发射。它从法国巴黎分段装机出发，向西南方向经过9个小时跨越大西洋的飞行，首先到达位于南美洲东北部的法属圭亚那首府卡宴，然后再乘车沿海岸西行，经过大约70千米的行程，最后运抵一座小城库鲁。这里就是欧洲通向太空的门户。

"阿丽亚娜5号"火箭到达库鲁后，在库鲁卫星发射中心的总装厂房装配检测，转运到专门为它建造的第三发射场，竖立在发射台上，准备从这里发射升空。

在这之前，在第一、第二发射场，"阿丽亚娜1号"、"阿丽亚娜2号"、"阿丽亚娜3号"、"阿丽亚娜4号"系列运载火箭已进行过87次发射，虽然有过8次失败的纪录，但其余的79次都是发射成功的，因而这次"阿丽亚娜5号"的首次发射试验，特别令人关注，人们对它的期望也很高。

1996年6月4日凌晨，库鲁卫星发射中心下了一场大雨。上午7时30分，雨渐渐变小，参观发射的人们聚集到发射场周围。在距发射架12千米的指挥控制中心，开始发射倒计时，人们等待发射时刻的到来。

当地时间9时34分，"阿丽亚娜5号"火箭载着4颗卫星缓缓升起，然后穿过一片几百米高的低云，向高空飞去。箭体后面拖着一条100多米长的火焰，十分壮观。在前37秒，火箭飞行正常，指挥控制大厅响起热烈的掌声。然而当火箭达到3000米高度时，突然开始倾斜，偏离预定轨道。4秒后，在4000米高空，火箭安全系统自动将火箭炸毁，碎片如同雨点般溅落入大海，像是人们以痛心的泪水，宣告了此次发射失败。幸好火箭的爆炸没有造成人员伤亡。爆炸发生后，在发射场外围观的人员都迅速戴上防毒面具并很快被转移到安全地带。

人们本来是满怀着信心和希望来参观"阿丽亚娜5号"火箭的发射，没想到这枚耗资70亿美元、花费了上万人10年心血的火箭顷刻间化为泡影，真有点出乎人们的意料。

　　这次发射前，航天科学家们对这枚新设计研制的火箭已经做过多次试验，估计成功率为98.5％，所以火箭基本没有投保。但是科学研究总有风险，总要付出代价。首次发射失败，显然对"阿丽亚娜5号"火箭的前景带来不利影响。不过，这一挫折无损于欧洲空间局的信心和推行这项计划的热情。阿里安航天公司董事长夏尔·比戈在接受电视台记者采访时，道出了这种心情："当然这次发射令人失望，但是我从事这项工作近12年，我知道每次失败后我们都必须无一例外地从失败中重新振作起来。"欧洲空间局的一位负责人表示："科学家是勇敢的失败者，我们将鼓起勇气进行新的试射，直到取得成功。"

12　图书馆里产生的构思

——日本研制固体火箭的诗川

　　在第二次世界大战前和大战期间，诗川是日本最重要的飞机设计师之一。他在著名的"零式"战斗机的设计中发挥了重要作用。

　　第二次世界大战后，诗川在东京大学从事医学工程研究。不久，他就成为这个领域的杰出专家。为了研究、设计脑瘤探测仪器，他在1954年离开日本来到美国的芝加哥大学。在那里，他常到图书馆去看书。一次，当他在阅读一本关于空间医学的书时，突然产生搞火箭的念头。可以说，日本的现代火箭计划，实际上是1954年诗川在芝加哥大学图书馆里构思出来的。

　　诗川从美国回国后，与5名工科大学的工程学教授组成了实验火箭工程小组。然而，他们进行实验研究的资金来源很困难。因为战败不久的日本元气大伤，当时几乎所有的日本大公司都认为这时就开始火箭计

划为时太早，不想冒险给他们钱，并且将执著地想研制火箭的诗川看做是"古怪的空想家"。诗川并不灰心，经过他做了大量的说服工作后，大藏省（相当于财政部）才答应从工科大学的工业科学研究所的经费中拨给他们一小部分。

诗川提出日本研制火箭的设想，是采用固体火箭。固体火箭的意思就是，火箭的发动机采用固体做燃料。最早的固体火箭应该说是中国人的发明，采用黑火药做推进剂，制成了在当时威力很大的火药火箭。但是因为黑火药的效能不大，点燃后又不能控制，渐渐被淘汰，而被采用液体燃料做推进剂的液体发动机所取代，人们称为液体火箭。

但是诗川认为，由于科技的进步，固体火箭采用的固体推进剂当然不再使用黑色火药，而是采用威力更大的固体化学材料。至于装置固体推进剂的外壳，也可采用先进的高强度的复合材料。这种发动机的优点是：它结构简单；推进剂可以贮存在燃烧室里常备待用，不像使用液体推进剂那样需要很先进很复杂的设备；在失重条件下点火容易等。

尽管这样，诗川倡导固体火箭的独特思想，仍旧免不了招致大藏省和有影响的经济组织同盟的尖锐批评，指责他在别的主要国家正在发展液体推进剂火箭时，而去搞固体推进剂火箭。

在苏联和美国发射人造地球卫星后，日本在 1966～1969 年期间，曾 4 次尝试发射卫星，但都没有成功。直到 1970 年 2 月 11 日，还是采用诗川研制的"拉姆达 4S"四级固体运载火箭，才成功发射了日本的第一颗人造卫星"大隅号"。这颗卫星重 24 千克，使日本成为继苏联、美国、法国之后第 4 个发射卫星的国家。而仅仅两个月后，中国也成功地发射了一颗重 173 千克的卫星，并且能播放《东方红》乐曲。

诗川的固体推进剂火箭研制工作不断取得进展，后来又发展了液体推进剂火箭。在 1964 年，诗川还成立了航天航空研究所。由于火箭发射试验不断增多，原有的小发射场不够用了。为了帮助航天航空研究所选择合适的发射场地址，诗川跑遍了日本的海岸线，最后确定在鹿儿岛的内之浦建一个发射场。

但是，内之浦地区的渔民、牧人和家禽场主反对在他们的后院建火箭发射场。他们害怕火箭发射影响他们捕鱼和放牧，尤其是家禽场主特别担心，因为每次火箭发射，家禽因受到惊吓，将会在一周之内不产蛋。

为了使当地渔民和农牧场主同意建发射场和发射火箭，诗川把他们请来喝酒，做说服工作。不会喝酒的诗川，常常设法让客人喝得烂醉。诗川答应发射火箭时与当地渔民组织商量，并允许他们来观看火箭发射，还答应家禽场主在每次火箭发射前一周，以两倍的价格收买他们的所有禽蛋。渔民和农牧场主被说服了。

在日本，诗川被称为"日本的布劳恩"，他是无可争辩的日本现代"火箭之父"。

13　中国航天的骄傲

——钱学森的火箭情结

"我作为一名中国的科技工作者，活着的目的就是为人民服务。如果人民最后对我的一生所做的工作表示满意的话，那才是对我的最高奖赏。"这是1989年6月29日在祝贺钱学森获得美国小罗克韦尔奖章和世界级科技与工程名人称号的大会上，这位对中国航天事业作出卓越贡献的科学家吐露的肺腑之言。

的确，中国运载火箭的发展，是与钱学森的名字联系在一起的。

钱学森1911年12月11日出生于上海，1934年毕业于上海交通大学机械工程系。1935年8月赴美国留学，一年后获麻省理工学院硕士学位。1936年秋进入加州理工学院古根海姆航天实验室，在著名科学

家冯·卡门指导下从事航空和火箭研究工作，并在这里取得博士学位。他和导师共同创造了"跨音速流动相似律""高超音速流概念""冯·卡门—钱学森公式"等著名理论，显示了钱学森的出众才华。1943年，他与火箭研究小组的同窗好友马林纳合作，完成《远程火箭的评论与初步分析》研究报告，为研制地地导弹和探空火箭奠定了理论基础。第二次世界大战后，钱学森作为美国空军科学咨询团的成员，随他

钱学森

的导师冯·卡门团长到德国考察 V-2 火箭技术的发展情况。后来又参与为美国空军提供火箭远景发展规划的制定工作。在美国，钱学森对火箭研究的造诣得到公认，声名鹊起，深受赞赏。他的名字已与火箭连在一起。

1949年新中国诞生，钱学森决心返回祖国。他的老师和同事中有人认为，钱学森的才识在美国可以得到更大发展，劝他不要回国。钱学森表露自己的心迹，说："我是中国人，我到美国来是学科学技术的，我总有一天将要回到自己的祖国去。我从来没有打算在美国住一辈子！"经过长达6年的斗争，终于摆脱美国的阻挠、迫害和羁留，1955年9月17日，钱学森全家登上"克利夫兰号"轮船，踏上了归国的旅途。钱学森回国后不久，就投入到创建当代中国的航天事业中去。

1956年2月，钱学森怀着对新中国国防事业的强烈责任感，提出建立火箭研究机构的意见。随后，他受命负责组建火箭、导弹研究机构，调集一批科技人员，并开办训练班，亲自为100多名大学毕业生讲授火箭概论，培训了第一批火箭研究人才。在他的具体主持下，仿制苏

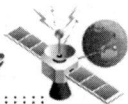

式火箭的工作取得很大进展。1960 年 11 月 5 日，在酒泉发射场，成功地进行了第一枚近程火箭飞行试验，这是中国军事装备史上一个重要的转折点。在此基础上，经过失败的教训，1964 年 6 月 29 日，中国自行设计研制的中近程火箭试验发射成功。1966 年 10 月 27 日，又用这种改进的火箭运载原子弹的两弹结合飞行试验传出捷报。中国的火箭走上了完全独立发展的道路。

在此之前，钱学森就认为，在弹道式火箭已有一定基础的情况下，就能够开始向航天技术进军。他和一些科学家一起提出了发射人造地球卫星的设想，并领导制定了争取在 1970 年左右发射中国第一颗人造地球卫星的计划。1965 年，在研制发射卫星的"长征 1 号"运载火箭过程中，为解决火箭滑行段晃动问题而进行仿真实验时，钱学森亲临现场指导，从技术上提出正确的意见。在十年"文革"的动乱情况下，他出面解决了"长征 1 号"运载火箭二级和三级的地面试车问题，取得试车成功。钱学森和有关专家一道，不辞辛劳，克服困难，协调解决运载火箭和卫星的技术问题，终于迎来了发射的日子。

1970 年钱学森参与组织第一颗人造地球卫星的发射工作。4 月 24 日，中国第一颗人造地球卫星"东方红 1 号"，由"长征 1 号"运载火箭送入太空遨游，标志着中国的航天事业进入一个崭新的阶段。钱学森为中国航天的腾飞作出了开创性的贡献，并为中国航天事业的发展奠定了坚实基础。

1991 年 10 月 16 日，钱学森获得"国家杰出贡献科学家"的殊荣。钱学森将永远是中国人民的骄傲。

14　提前的准确预报

——中学生揭开卫星秘密

　　1983 年 1 月 5 日，美联社驻英国记者站突然接到一个电话："我们是凯特林小组，根据最近几天的观测与分析，苏联的'宇宙 1402 号'核动力卫星已于 8 天前失灵，它已分离成三部分，但卫星的核反应堆没有推到 950 千米的安全轨道，仍然留在 250 千米的低轨道上。我们断定，除非苏联人成功地采取补救措施，否则这颗核动力卫星将在今后几周内陨落。为了防止意外，特向贵社通报这一观察结果。""宇宙号"是苏联多种人造卫星的混编系列，其中军用卫星占多数，1402 号即第 1402 颗。

　　这个电话非同小可，它关系到千家万户的生命安全。第二天，全世界数千家报纸和电台争先恐后地发出这条爆炸性新闻，人们为之震惊。果然，"宇宙 1402 号"卫星的核动力部分于 1 月 23 日 7 时 12 分坠落，碎片掉入印度洋。

　　这个凯特林小组的准确探测和提前预报卫星发射运行和坠落的情况，引起人们的注意，但是这已并不是第一次了。

　　那么，具有这样高水平的凯特林小组是一个什么样的组织呢？

　　原来，凯特林小组并不是什么官方组织，而是由英国北安普敦郡凯特林中学师生组成的业余卫星跟踪小组，它的创始人是物理课教师杰弗里·佩里，同他一起带领这个小组的还有化学课教师德里克·斯莱特。他们都是业余无线电爱好者，自 1957 年第一颗人造地球卫星上天以来，两人指导一批又一批中学生利用极简陋的设备，以顽强的意志钻研卫星

跟踪技术，有时发布的观测结果成为轰动世界的头条新闻，取得惊人的成功。

早在 20 世纪 60 年代初，凯特林小组就准确预报了美国"发现者 36 号"卫星再入大气层的日期，从而开创了世界业余无线电爱好者成功预报卫星运行情况的先例。1962 年 8 月，他们竟然用普通家用磁带录音机，把苏联"东方 3 号"和"东方 4 号"飞船密封舱里宇航员在编队飞行中的谈话内容清晰地收录下来，令许多专家极为惊奇。1964 年 10 月，苏联"上升 1 号"载人飞船上天刚飞行 1 圈，凯特林小组就捕捉到了它的无线电信号，抢在苏联之前公布了观测结果。当苏联的消息证实了凯特林小组的预报时，许多拥有先进设备的观测站也自叹不如。

凯特林小组最引人注目的成就，是他们先于美国侦察卫星发现苏联建在普列谢茨克的秘密火箭发射场。1964 年以前，苏联发射卫星的标准倾角是 64.4 度，这是从拜科努尔航天中心发射的。但从 1964 年夏的"宇宙 78 号"卫星起，轨道倾角变成了 68.9 度；1966 年 3 月 17 日发射的"宇宙 112 号"卫星，倾角达 72.1 度，而且短波无线电信号强度变弱。凯特林小组经过精心观测和严密计算，作出了苏联已改变卫星发射场的判断，并推测出新发射场的大体地理位置。他们将这一预报送往英国的《飞行》杂志发表，但没有引起人们注意。直到 1966 年底，美国侦察卫星在普列谢茨克上空清晰地拍摄到这个秘密发射场之后，人们才承认凯特林小组的重大发现。这个中学生业余卫星跟踪小组从此名声大振，并不断以精确的观测成果享誉全球。

15 没有外援自己干

——中国火箭研制的起步

梁守槃是我国著名的火箭专家。1956 年，他被调到北京，参加航天部的前身——国防部五院的筹建工作。当时，各大学的火箭专业还在初创时期，全体技术人员，包括老专家和新毕业的大学生，没有一位是学火箭专业的。梁守槃本人虽然是在美国麻省理工学院获得硕士学位，但他是学航空专业的。

依靠这样一支队伍，中国能搞出自己的火箭来吗？不少人把希望寄托在等外国专家来帮助上，但梁守槃不这样想。他觉得：能争取到外援最好能争取，但没有外援也要自己干。天底下就没有外国人能干而中国人干不成的事。那些拥有火箭的国家，当初不也是从零开始的吗？于是，梁守槃带领 100 多位年轻的大学毕业生，开始了我国第一个火箭试验室的筹建工作。接着，运用已掌握的航空知识，参照有关火箭发动机的理论，组织设计了我国第一个火箭发动机的试车台。

1958 年初，一个外国专家组来了。关于发动机使用什么燃料的问题，外国专家坚持必须使用他们国家的液体推进剂，说中国的液体推进剂含可燃物质太多，使用起来有爆炸的危险。但梁守槃马上意识到，没有自己的推进剂，还谈什么发展自己的火箭。梁守槃反复思索外国专家的反对意见，又反复对照检查国产液体推进剂的质量，根据他的计算，中国生产的液体推进剂完全符合使用要求，但为什么两国专家的数据会相差这么远呢？梁守槃耐心地、细心地将两国的数据又核算了一遍，症结找出来了。原来，外国专家在计算时，将分析数据中的某一物质的气

态容积含量，误解为液态容积含量，这样一来，杂质在液体燃料中占有的百分比，就比实际占有的数值高出了1000倍，因此计算出来的液体推进剂当然不能使用了。

令人啼笑皆非的是，这样的错误竟出现在外国专家的手中，叫人说什么好呢？幸好后来问题的解决并不麻烦，因为这个外国专家组撤了。

关于推进剂，在外国专家撤离前夕，还讨论了中国科学家提出的使用一种新型高能推进剂的方案。因为采用这种新型推进剂，可以代替20千克粮食才能提炼出1千克的老燃料。那时中国的粮食非常紧张，这种不消耗粮食的高效燃料，可以节约许多宝贵的粮食。

但是外国专家说它性能虽好，但有剧毒，等于是"老虎"，会吃人的，坚决不同意使用。

梁守槃则认为，燃料能不能用，应该由它的毒性和有无对症的解毒药品来决定，行与不行应在深入分析试验后才能做出结论。

为了回答这种燃料是否具有可行性的问题，梁守槃亲自跑到军事医学科学院，请专家测定毒性程度；亲自制定各种试验方案，在实验室和试验站里亲自与"老虎"打交道，谨慎探索，制定了严密的防范措施。梁守槃没有被"老虎"吃掉，反而把"老虎"驯服了。

这种新型的推进剂，是一种耐贮存、推力大的液体推进剂。它的研制成功，使我国远程火箭的发展前进了一大步。不久，装有这种我国自行研制的新型推进剂的第一枚导弹腾空而起。

聂荣臻元帅观看发射之后，兴奋地向梁守槃等专家们说："很好，感谢你们为祖国争了气！"

我国的火箭航天事业，就是在这种精神的激励下，一日千里地发展起来的。

16 卫星轨道怎能穿过地球

——年轻人的计算失误

1957年10月4日，苏联发射了世界上第一颗人造地球卫星，轰动全世界，人们几乎把所有工作都与人造地球卫星联系起来。在南京大学，天体学专业的老师给两位高年级学生布置了一道兴趣课题，要他们在寒假里计算苏联第一颗人造地球卫星的运行轨道。当时，人们对人造地球卫星的知识知道得很少，但对这个新鲜事却有浓厚的兴趣。天体测量专业的学生潘厚任也自告奋勇地参加了那两位同学的计算活动。那时还没有电子计算机，他们借来一台手摇计算机，然后列方程，编程序。在寒假的两个星期里，他们什么也没干，就是算呀、摇呀，白天黑夜地干，终于把人造地球卫星的运行轨道计算出来了。

没想到，根据计算数据把轨道绘出来的时候，一看就傻了眼，苏联第一颗人造地球卫星的运行轨道，在近地点前后要穿过地球！这就是说，围绕着地球运行的人造地球卫星，竟然会钻进地球肚子里去，再从地球的肚子里钻出来！当然不会出现这样的怪事，只是由于他们的计算错了。这轨道计算错误的责任中，潘厚任当然也有一份。

事有凑巧，潘厚任大学毕业后恰好被分配到航天部门，从事的正是总体设计工作。

那是1965年，一天晚上，数学家关肇直带着潘厚任走进我国著名科学家赵九章的书斋。寒暄几句以后，赵老走到一幅世界地图面前，取下老花镜，捏着眼镜腿儿，在地图上划着大圈儿说："我国卫星上天后要跟踪观察，这就得建立观测台或观测站。这些观测台、观测站建在什

么地方，要根据卫星的运行轨道来确定。"赵老希望关肇直组织一个班子，尽快地把我国卫星的运行轨道计算出来。

潘厚任没有想到，在那次错误地计算人造地球卫星的运行轨道以后七八年，竟要参加我国第一颗人造地球卫星运行轨道的计算。这一回，无论如何不能让卫星往地球肚子里钻了。

他们立即情绪高昂地开始工作。首先列出轨道方程，然后编程序。又从中国科学院计算研究所请来一位女同志帮助计算。他们日夜地加班加点，用两台计算速度不高的计算机，反复计算，反复核实，整整干了3个月，终于得出正确的结果。同时计算结果还发现了另外一个问题：那就是原来人们为卫星确定的轨道倾角，卫星覆盖的地区面积不够大，没有满足原来的设计要求。

通过地球南北两极上空的卫星运行轨道，即倾角为90度的极地轨道卫星可以覆盖全球，也便于观测和跟踪，但我国当时的技术条件，发射这种轨道卫星还有困难。于是，潘厚任从42度倾角开始，每隔5度做一次计算，选出我们的技术力量能够达到，而卫星覆盖区域尽可能大的轨道倾角。

1966年4月18～22日，卫星设计院召开轨道选择会议。在会上，潘厚任大胆地提出用中等倾角轨道代替极地轨道。按照传统观念，这样一个事关全局的重大问题，似乎不应由这位27岁的年轻人来提出和解决，不知道潘厚任的勇气是从哪里来。

然而，科学尊重事实，潘厚任的方案被通过了，并得到中央的批准。

按照这个方案，1970年4月，全世界都能看到中国的第一颗人造地球卫星，悦耳的《东方红》乐曲响彻全球。它运行的轨道，就是参照了这位年轻人的建议决定的。

17 冒着生命的危险

——为了第一手材料

1969年6月，"长征1号"运载火箭进行一次新的发射试验。一贯一丝不苟的操作员胡世祥，听说我国的第一颗人造地球卫星将用这种火箭发射，操作起来就更加一丝不苟了。他聚精会神地坐在发射控制台前，按照指挥员的命令，对火箭进行最后的测试。开始一切顺利，但当测试到用作箭体分离的爆炸装置时，突然从通信调度单机里传出猛烈的爆炸声，同时有人喊叫起来："爆炸了，爆炸了！"

这突如其来的爆炸声和叫喊声，震颤了人们的心。片刻之间，地下控制室的气氛像是被冻结了起来，只有大脑在剧烈地活动着。指挥员当机立断地发出一声命令："断电！"

胡世祥立即釜底抽薪，切断了运载火箭上的全部地面电源。但是，爆炸声没有完全消除。指挥员于是立即冲出地下室，奔向发射阵地，胡世祥紧紧地跟在后面。接着，许多人都跑了出来。

只见高高耸立在发射台上的火箭，被股股浓烟笼罩着。那浓烟是从火箭中部喷出来的，那里还在发出"噼啪"的爆炸声。

在试验发射前，胡世祥就想过，不管发生什么故障和事故，都要想尽办法了解故障和事故发生的原因，这样才能彻底排除故障，保证火箭的成功发射。因为这种火箭是要用来发射我国的第一颗人造地球卫星的，决不能留下任何隐患，危及卫星的安全。

当然，胡世祥也清楚地知道，如果整个火箭在发射台上发生爆炸，将会发生怎样可怕的事情。1960年10月，苏联的一枚火箭因为发动机

出现故障，在发射台上发生爆炸，火箭部队司令涅杰林元帅和著名原子科学家叶夫连莫夫等一百多名军人和科学家，都在这次爆炸中遇难。

但现在，胡世祥什么也顾不得想了，拼命地向发射台跑去。

"胡世祥，危险，不能去！"指挥员命令着。

胡世祥像没有听见一样，攀着舷梯迅速爬上发射塔架。

"胡世祥，快下来，你不要命啦！"大家担心地喊叫着。

胡世祥以惊人的速度一会儿就爬了40多米高度，到达火箭仪器舱部位。正是那里出了故障。胡世祥走进箭体，想要看个究竟，突然舱门炸开了，"嗖"的一声，弹射仪器的弹射筒飞了出来，擦过他的耳根，狠狠地撞在塔架上，坚硬的钢板被砸出一个大坑。胡世祥没有理会这些，继续走进仪器舱，只见舱内浓烟滚滚，还向外吐着火舌。烟雾消散后，胡世祥仔细地察看了发生事故的部位和爆炸后的情况，完整地获得了产生爆炸的第一手资料。

由于掌握了出现故障的第一手资料，胡世祥对资料认真地进行了分析，也就准确地找到了事故的原因，于是提出的改进措施就是有的放矢了。胡世祥的改进方案被送到了研制部门。那里的专家们仔细地看完了他的改进方案后，一个个都表示完全赞同。他们带着惊奇的口吻说："基地的胡世祥是个了不起的人才，他的改进方案既大胆新奇，又科学合理！"

事故发生后找出发生的原因，得出有效的排除故障的方法，正是这冒着生命危险得到的第一手材料，保证了我国运载第一颗人造地球卫星上天的"长征1号"的顺利升空！

18　查气瓶组

——一个垫圈也不能放过

　　1970 年 4 月 24 日这一天，在我国航天史上应是不平凡的、载入史册的一天——我国第一颗人造地球卫星"东方红 1 号"，将由我国自行研制的"长征 1 号"火箭发射升空！这样一件在全世界都会引起极大关注的大事，对每一位参加这项工作的人员来说，都抱着只许成功、不许失败的信心和决心！

　　然而这第一次发射又岂能是一帆风顺的呢！

　　这天清晨 5 时 45 分，发射场地的战士们开始给运载火箭第一级加注氧化剂和燃料。加注班的战士戴着防毒面具，敏捷地把粗大的加注管与火箭的推进剂箱连接起来，一个个都聚精会神地认真操作着。4 个小时后，只剩下最后一点燃料没有加注了，大多数人已撤离现场。这时，一股燃料突然从加注连接器口喷漏出来，散发出刺鼻的腥味。几个战士不顾个人的安危，立即用双臂紧紧抱住喷漏的地方。由于有毒气体的浓度迅速增大，他们虽然戴着防毒面具，但仍然呛得难以忍受，有的身体已支持不住了，但他们的双臂仍搂住喷漏的地方不放。经过检查，原来是地下燃料库泵房没有及时停机，燃料袋加注过头了。战士们一直坚持到地下燃料库泵房停机，现场恢复正常才撤离。

　　这一天的天气不好，戈壁滩的上空是厚厚的云层。下午 1 时 35 分，推进剂虽然加注完毕，仍然需要等待好天气的到来。一些人休息去了，只有发射班的战士坚守在发射阵地上。突然，一个战士听到有一个很小的东西骨碌骨碌地从第二级火箭上掉下来，滚落在发射场的场坪上。战

士们知道，火箭上的东西，不能多一点，也不能少一点。于是全班战士就仔细地在场坪上寻找，硬是把掉下来的那个小东西找到了。原来那是一个8毫米直径的弹簧垫圈，他们立即交给了指挥员。

这个小小的弹簧垫圈引起指挥员的极大关注，因为无论这个弹簧垫圈是多余的，还是因螺母松动掉下来的，都可能造成火箭发射的失败。技术人员立即跑步进场，要将垫圈问题查个水落石出。经分析，8毫米直径的弹簧垫圈，只在气瓶组上使用。

查气瓶组！

这时，工作塔架已撤离火箭，只好临时架起一架工作梯。一名技术人员爬到离地十几米的第二级火箭上去检查。你可知道，火箭已处在待发状态，火箭上的一百多个火工品都已装好，一不小心，一个火工品爆炸，就能引起加满燃料的火箭爆炸，那就会造成巨大的事故。但那名技术人员沉着冷静，仔细地查看了每一个气瓶，那里的弹簧垫圈都在。最后断定那是一件多余物。

又一场意外也顺利排除结束了。而这像是老天爷有意安排的一样，在多余物清除后，天空的云层也渐渐地散开了，露出了满天星斗。

21时05分，进入发射前30分钟准备。21时20分，两颗红色信号弹腾空升起，这说明已进入"15分钟准备"。撤离到几千米之外的大多数工作人员，双眼紧紧地盯着放出亮光的发射台方向。喇叭里广播着周恩来总理的嘱咐："工作要准确，不要慌张，不要性急，要沉着、谨慎，把工作做好。"接着，一红一白两颗信号弹升起，这是进入"1分钟准备"的信号。这时，在场的每一个人都屏住呼吸，眼皮都不敢动一下，死死盯着火箭将要升起的地方，紧张得好像心都要从嗓子眼里跳出来了。

21时35分，红光一闪，火箭在巨大的响声中徐徐升起。21时45分，星箭分离，卫星入轨。"东方红1号"卫星从东方升起来了！寰宇响起动人的《东方红》乐曲！

这是中国第一颗人造地球卫星发射的一天。

多么不平凡的一天，又是凝聚了多少战士的平凡而又负责工作的一天！

19 上得去，抓得着，看得见，听得到

——我国第一颗人造地球卫星

1957年苏联成功发射第一颗人造地球卫星以后，毛泽东主席说："我们也要搞人造地球卫星。"中央专门委员会要求我国第一颗人造地球卫星的各项指标，应该比其他各国第一颗人造地球卫星更先进，具体要求是"上得去，抓得着，看得见，听得到"。

上得去，就是运载火箭要把卫星准确地送入轨道；抓得着，就是地面上不能与卫星失去联系；看得见，就是人们用肉眼能观察到卫星；听得到，就是地面上能收听到卫星发出的无线电信号。

这"上得去"、"抓得着"，一般来说是有把握的；为了"看得见"，科技人员也想出了好办法，就是卫星与运载火箭分离后，末级火箭也跟着卫星入轨，让它们一起围绕地球飞行，并给末级火箭穿上一条发亮的金属裙子，叫"观测裙"，以增大目标体积，提高目标亮度；唯独这"听得到"是一个颇费周折的关键问题。

苏联等国的第一颗人造地球卫星，发出的无线电信号都是断续的哔哔声，我们决定采用连续信号。那么，用什么样的连续信号来表达中国人民的自豪声音呢？大家提出了许多建议，最后决定选用《东方红》这支最能代表亿万中国人民心愿的乐曲。

卫星上的无线电发射机既要传递各种遥测工程参数，又要播送《东方红》乐曲，唯一可靠的方案是采用电子音乐。那么，模仿什么乐器的

声音呢？根据《东方红》这首乐曲的特点，大家认为铝板琴声最悦耳动听。

但是，卫星在发射时，受重力加速度的影响，要经受强烈震动和巨大的超重等考验，太空环境也十分恶劣。电子乐器在这样复杂的环境中会不会损坏，演奏的《东方红》乐曲会不会变调呢？万一上天后向世界发出变调的乐声，那可是一个严重的问题啊！参加这项工作的每一个人都以高度的责任感进行工作。从电子线路设计到材料和元器件的选用，都一丝不苟，每一个焊点都经过仔细检查。乐器造出来了，在地面上试验，声音纯正悦耳。

为了不使卫星上天后的旋转和震动影响乐器，大家认为应把元器件固封起来。经过固封以后再测试，乐声却变调了。这个变化使大家紧张极了。是什么原因造成的呢？经过几天几夜的仔细检查，发现在固封材料中掺进了一个碳膜电阻，改变了电阻值，因此使乐声变了调。

变调的问题解决后，再让乐器在模拟的真实环境中进行试验，又解

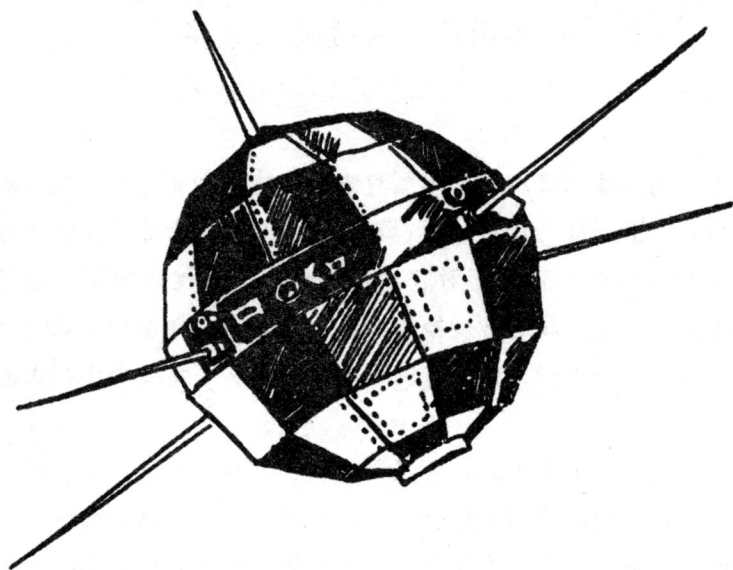

"东方红1号"卫星（中国）

41

决了电磁干扰使乐曲错乱的问题。

1970年4月24日～5月22日，由我国自行研制的第一枚"长征1号"运载火箭，成功地将"东方红1号"卫星送入地球轨道。卫星在太空向世界播送出浑厚悦耳的《东方红》乐曲，声音清晰宏亮，动人心弦。一则外电说："从苏联的人造地球卫星1号到日本的大隅号，都是好不容易地才进入轨道，这些卫星只发出'哔——哔——'的电波信号，人们把它们叫做'只会叫的金钟虫卫星'，而中国的卫星则会播送悦耳的乐曲。"

这么看来，我国发射的第一颗人造地球卫星，虽然时间比别国要晚一些，但在技术上确实是技高一筹呀！

20 小狗小豹和珊珊的太空之旅

——我国第一次生物火箭实验

雄狗小豹和雌狗珊珊被从中国科学院生物物理研究所生物养殖场挑选出来后，一下子就身价百倍了。它们住单间，吃小灶，饮食经过营养配制，得到精心饲养。除了对它们进行体重、高度、长度、血型、血压、心脏脉搏、屎、尿等常规检查，还进行多项特殊检查；除进行一般的跑跳训练外，还进行大量的专门训练，因为它们将要乘生物火箭进入太空。

小狗乘火箭上天和返回，要经受震动、噪声、超重、失重和着陆冲击等环境影响。它们能不能经受得住？必须在特殊的试验设备上进行检查，了解它们在行为上、生理上有什么变化。如果它们能够经受得住这些环境的考验，还要训练它们愿意接受这些考验，这样才能达到送它们

上天的目的。

对两只小狗训练的方法，包括把小狗放在离心机上，逐渐加大旋转速度，观测它们的神态、血压和心脏的变化；让它们进入震动、噪声模拟舱，经受不同频率的震动和噪声考验；把它们放在旋转台上做各个方位的旋转，测量它们的眼珠变化；把它们放在高温和低压舱内，检验它们的适应能力；把它们放在冲击塔中，检验它们受冲击的能力；还有对它们进行宇宙辐射试验等等。

这些检查是十分严格的，小豹和珊珊不仅通过了这些检查，而且以后在这些设备上的训练中，表现得十分温顺，听从指挥，与工作人员配合得很好，从来没有叫唤和反感的表现。训练工作非常成功。

1966年7月15日清晨，小豹被送到安徽省广德县誓节渡气象火箭发射场。人们给它系上安全带，固定在火箭顶端回收舱的一个托盘上，在它的头部位置安装条件反射器，尾部装有屎尿收集器，还有许多生活条件保障设备、记录设备和控制设备。小豹表现得十分自然、安祥，没有丝毫惊慌。倒是工作人员对它恋恋不舍，用手抚摸着它，表现得十分亲切。

这是我国的第一次生物火箭实验，引起许多人的关注。在小小的发射场上，除工作人员外，还有领导干部、科学工作者和记者。东方泛白时，火箭在一声巨响中升空，直上蓝天，飞行正常。小豹因太空反应而头尾摇晃，有些颤抖不安。人们的心情也有些紧张。

20分钟后，在40千米的高空看到了张开的降落伞。慢慢地又看到了降落伞下吊着的回收舱。这时，飞机、汽车一齐向着陆点赶去，着陆点立刻聚集了许多人。当降落伞徐徐降落时，人们欢呼着，掌声雷动。回收舱一着地，生物研究人员和火箭技术人员迅速奔上前去，立即打开舱门，只见小豹目光炯炯地坐在托盘上，安然无恙。工作人员松开它的安全带，把它抱在怀里。小豹欢乐地摇着尾巴，把头依偎在主人的身上。实验非常成功。

13天后，珊珊也进行了同样的一次旅行。

太空小狗珊珊

　　小豹和珊珊返回地面后一切正常，还繁殖了后代哩！

　　和国外在载人上天之前必须先用生物进行实验一样，小狗小豹和珊珊的太空之旅，正是为中国的宇航员上天提供生理学上的种种依据啊！

21　巨龙飞向太平洋

——我国发射远程运载火箭

　　1980年5月9日，中国新华社受权发表公告：中华人民共和国将于1980年5月12日～6月10日，由中国本土向以太平洋南纬7度0分、东经171度33分为中心，半径70海里圆形海域范围内的公海上，发射运载火箭。这一消息不胫而走，引起世界关注，因为中国将拥有自

己的洲际火箭了。

20世纪50年代中期，中国着手研制火箭。中国科技人员自力更生，奋发图强，于1960年11月5日发射成功一枚仿制的近程火箭，从此揭开中国航天的序幕。经过近20年的努力，1974年10月中国的火箭设计师提出了向太平洋发射洲际火箭的初步方案。钱学森明确指出："这是中国一次规模最大的科学试验，一次在国际舞台上的表演，一定要完成好，要争这口气。"

1977年，中国决定于1980年向太平洋海域进行全程发射洲际火箭的试验。这是一项复杂而精密的大型工程。它由数十万个零件组成，可靠性要求非常高，工作时只要有一个零件失灵，就可能导致失败。为了这次试验，有一千多家研究所、工厂的工程技术人员和工人，艰苦奋斗，顽强拼搏，研制生产了第一枚全程飞行的火箭和发射试验所需要的各种仪器设备，包括建造大型远洋测量船。

这次试验的射程在9000千米以上，这样的射程，受到疆域的限制，需要在公海上进行试验，中国派出海上测量船进行远洋考察53天，航程3万多千米，圆满完成试验海区考察任务，选定了火箭在南太平洋上的试验落区。为了在1980年实现飞向太平洋的目标，要求在1979年12月31日24时之前做好一切准备，所有工作不能延误。

1980年5月18日，是中国火箭发展史上一个具有重大纪念意义的日子。这一天凌晨，酒泉发射场区灯火辉煌，巍峨的乳白色的巨型火箭耸立在高大的发射架上。10时整，当"点火"指令发出，顿时一声轰鸣，火箭拔地而起，拖着团团火焰直上云天。火箭向着东南方向飞去，划破万里长空，直飞南太平洋。从沿途各测量跟踪站不断传来报告："跟踪良好！""飞行正常！"

火箭在高空达到最大高度后，再次进入大气层，向着预定的海域飞去。在一望无际的南太平洋上空，天高云淡；浩瀚的大洋，风平浪静。"发现目标！"从测量船上传来喜讯。自白云深处飞出一个很大的亮点，瞬间变成一个大火球，并在天空中散开一束像节日礼花一样的火焰。随

着一声巨响，火箭弹出数据回收舱，很快打开降落伞，徐徐溅落在海面上，激起水柱和浪花，荧光染色剂将附近的水面染成一片翠绿，清晰地显示出回收舱的落水点。直升机飞向目标，由潜水员从海上把回收舱打捞上来带回。中国向太平洋发射试验洲际火箭的任务圆满完成。

　　中国洲际火箭全程飞行试验的成功，为航天事业的发展创造了最重要的技术条件。这是中国航天史上又一个重要的里程碑。

中国向太平洋发射洲际火箭

22　迎接卫星回娘家

——我国返回式卫星回收

　　1976 年 12 月 7 日，我国又发射了一颗返回式卫星。这颗卫星经过三天的太空飞行之后，10 日中午就要返回地面了。对卫星研制人员来说，大家的心情既高兴，又担心。高兴的是，卫星返回后，又将带来许多成果，正像《回娘家》这首歌词所说的："左手一只鸡，右手一只鸭，身上还背着个胖娃娃……"卫星回娘家，她携带的礼物，比鸡鸭要珍贵亿万倍，她的娃娃可是又白又胖的哟。所以，大家以极其兴奋的心情期望她的归来。

　　但是，俗话说："嫁出去的姑娘泼出去的水。"回收卫星比收回泼出去的水还难啊！卫星能不能按时脱离运行轨道和正确地进入返回轨道？能不能经得起与大气的剧烈摩擦而不被烧毁？再入舱能不能与其他部分顺利分离？降落伞能不能打开？它能准确地落在预定的地区吗？这一连串的问题是不容许从容商议的。从地面指挥中心向卫星发出返回指令，到卫星向地球返回并打开降落伞，一共只有 6 分多钟的时间。一切都要在这近 400 秒的时间内揭晓，这怎么能不使人担心呢？万一……那将功亏一篑啊！

　　12 月 10 日 11 时，卫星绕地球运行进入第 48 圈。这时，4 架直升机和 1 架运输机起飞，到指定空域巡航待命，雷达开机搜索目标。11时 58 分 10 秒，卫星调头朝下，准备返回。1 分多钟后，再入舱与仪器舱分离。接着再入舱自旋，制动火箭点火，再入舱减慢速度后从西北方向向四川地区飞来。时间在一秒一秒地过去，前去迎接卫星返回的工作

人员紧张得心脏好像要从胸膛中跳出来了。

12时03分，一架直升机的罗盘发现目标，接着地面雷达也发现目标。12时11分，那架直升机的驾驶员看到卫星吊在降落伞下往下飘落。随后，他的直升机紧跟着目标几乎与卫星同时着地。

在地面上，最先看到卫星的是执行警戒任务的民兵。他们首先听见空中有像低沉的闷雷那样的巨响，接着看到从西北方向飞来一个小黑点，不久分成两个。其中一个飞得快一些，一闪

组装返回式卫星（中国）

一闪地落在一条公路边。民兵们马上就把它看管了起来。那是制动火箭和回收舱的底盖。另一个黑点后来放出降落伞，回收舱吊在降落伞下面，向山那边飘去了。那才是降落回收的卫星。

当地老百姓发现降落伞和飘落的卫星后，扶老携幼地朝卫星降落的方向跑去。卫星落地了，它像一口烧黑了的大锅。红白相间的降落伞舒展地铺在卫星的后面。从未见过卫星的农民，感到非常新奇和兴奋。有三个老乡首先走近卫星，接着从四面八方赶来许多人，他们熙熙攘攘，把卫星和直升机围个水泄不通。他们议论纷纷，有的诉说看到卫星降落的过程，有的议论那黑黑的卫星和鲜艳的降落伞，有的询问那东西是从什么地方掉下来的。

回收技术人员赶到后，看到这种场面，百感交集，个个激动得热泪盈眶。卫星已是成功和安全地回来了，压在心口上的一块石头落了地，无数个日日夜夜倾注的汗水和心血，终于有了成果，现在可以接受卫星

带回的珍贵礼物了。而此时此刻，发射卫星上天和返回的辛劳，又一幕一幕地涌上心头。

我国第一次返回式卫星实验成功了，返回的卫星舱中满载着它在太空三天获得的各种科学观测和实验成果哩！

23 飞龙跃海卷巨澜

——我国潜艇水下发射运载火箭

1982年10月16日，中国新华社受权发表公告：中华人民共和国向以北纬28度13分、东经123度53分为中心，半径35海里圆形海域发射运载火箭已经结束。这是中国从潜艇水下发射运载火箭试验传出振奋人心的捷报。

10月的阳光照在海面，泛起粼粼波光。装载着运载火箭的潜艇，在一列水面舰艇和观测船只护卫下，驶向大海，潜入水下，进入预定位置。中国进行潜艇水下发射运载火箭试验的时刻来到了。

10月12日，发射准备进入最后时刻，发射舱内格外安静。布满红绿信号的发射系统各个工作台前，操作员密切注视着信号依次闪亮，耳边响起"一分钟准备！"气氛紧张，但一切有条不紊地进行。"测试插头分离！""保险栓打开！"潜艇发射控制台上表示发射条件全部满足的最后两个信号灯亮了，顿时响起发射倒计时的报告声："10，…，5，4，3，2，1。"当"发射！"一声令下，操作员屏住气息按下电钮，只听从发射筒传出"嗵——嚓——"一阵轰响，就像节日的礼花窜向空中发出的响声一样。这时，海水发出一阵"唰唰"的声响，一枚乳白色火箭跃出发射筒，以雷霆万钧之势穿过厚厚的海水层，冲出海面，直奔云天。

原来平静的海面顿时冲起几十米高的水柱，立在海上，像托起火箭的天塔。水下潜艇抖动了一下，很快恢复平常的游弋状态。

"发射成功了！"潜艇上的试验队员欢呼起来。这时站在千米外海面舰艇上观察发射的人们，拥到甲板上，手指前方不约而同地喊起来："火箭出水了，出水了！"人们瞪大眼睛，注视海空，望着火箭升空的身影。

火箭从高大的水柱和薄雾中飞窜出来，披着水帘，向上飞升。火箭喷出的橘红色火焰就像在空中不停旋转的火炬，飞向天际，在碧空留下一道长长的烟云。飞行的火箭逐渐隐没消逝。这时在测量控制中心的电视屏幕上，可以看到由精密仪器跟踪映现出来的火箭图像。火箭尖尖的头部清晰可见，它扶摇直上，屏幕上的火箭图像渐渐缩小。随着"关机"的口令，电视屏幕上的火箭在猛烈喷出的火焰推动下，继续向前飞去，越飞越远，最后在荧光屏上变成一个亮点，拖着巨大的烟柱向前延伸。

在测量控制大厅里，电子计算机飞速运转，把从四面八方传来的数据变成各种信息，再送往各观测站，引导测量设备紧紧跟踪目标，不断传出"跟踪正常"的报告声。火箭在空中飞行不久，屏幕上的地图标出了经计算出来的最终落点。同时把这个数据传到火箭溅落在海域上的测量船队，引导它们去准确捕获远方飞来的"巨龙"。

火箭向着预定的海域飞去。测量船队一直严密监视着茫茫苍穹，准确地掌握着火箭的行踪。

我国潜艇水下发射运载火箭

突然，测量船上的雷达荧光屏上跳出一个亮点。"发现目标！"操作员情不自禁地呼喊起来。刹那间，只见一个火球钻出云层，溅落在万顷波涛之中，激起冲天水柱。箭头散出的染色剂把海水染成翠绿色，形成一个圆形染色区。在这一瞬间，直升机飞到火箭溅落的海面上空，拍下了这一壮观景象。中国第一次从潜艇水下发射运载火箭的试验取得圆满成功。

潜艇最大的优点是隐蔽性好，生存能力强，因此世界上各军事大国都对潜艇水下发射火箭十分重视。

24　十年辛苦不寻常

——我国第一颗通信卫星上天

利用卫星实现全球通信的设想，是英国工程师克拉克于1945年提出来的。他认为，在距地球赤道上空约3.6万千米的太空，存在着一条可使卫星相对于地球保持静止的轨道，假如在这条轨道上等距离地配置三颗卫星，就可以实现全球通信。实现的方法是，人们把地面的"信息"先通到太空中的卫星上，再由卫星将它"投递"到地球的任何一个地方。这种专门作通信用的卫星，就是通信卫星，每一颗卫星可以覆盖地球表面的1/3。

克拉克提出这一大胆的科学设想时，人造卫星还未上天，所以被搁置了20年。

第一颗实用通信卫星是美国于1965年4月6日发射的，它叫"国际通信卫星1号"。到现在，通信卫星已经发展到第八代了，技术上当然也一代比一代更加进步了。

我国的第一颗同步轨道通信卫星是 1984 年 4 月 8 日发射成功的，它叫"东方红 2 号"。然而你可知道，研究发射通信卫星的工作，早在 1974 就开始了。为了它的上天，我国航天科技人员孜孜不倦地研制了十年！

1974 年 5 月，周恩来总理指示尽快研制我国的通信卫星。1975 年 3 月 31 日，毛泽东主席批准我国自行研制通信卫星的计划。

发射同步通信卫星需要第三级火箭。这第三级火箭需要在空中两次点火，把卫星送入远地点为 3.6 万千米的大椭圆转移轨道。

那么，这第三级火箭的发动机，是采用常规发动机，还是采用新型的氢氧发动机呢？常规发动机使用可贮存推进剂，我们已有丰富的经验，比较有把握，研制中碰到的问题会少一些，研制进度也会快一些，不过性能不如氢氧发动机。但是研制用液氢、液氧做推进剂的发动机，在材料、设备和工艺等方面都会碰到很大的困难，需要攻克许多关键技术问题。当时，世界上只有美国和法国使用了这种发动机。

所谓氢氧发动机，就是利用液氢、液氧做燃料的液体燃料发动机。液氢是可燃气体，液氧是助燃气体，当它们都成为液体状态时，就像城市中使用的液化石油煤气罐那样，装在罐里的是液化石油气，而拧开开关输送出来的就是可燃的石油气，这样既便于控制，产生的能量又很大。

使用氢氧发动机的难度在于，氢和氧在自然状态下都是气体，必须在很高的压力和极低的温度下才会液化，例如液氢的温度就必须在零下 255 摄氏度，且不说制造液氢、液氧要求的条件很多，单说这样低温下的液氢，就好像一只凶猛的老虎。液氢特别容易泄漏，碰上氧又很容易燃烧和爆炸；而水和空气分子碰上温度这样低的液氢，会凝结成像金属一样坚硬的颗粒；更有许多金属碰上液氢，会"冻"得骨头变脆。

明知山有虎，偏向虎山行。我国的航天科学家们决心要搞先进的氢氧低温发动机！

但是，氢氧发动机确实是一只"虎"哟！1978 年 1 月，在调试输

送液氢的泵和管路时，发生了严重的氢爆炸起火事件，使10人受伤。他们有的烧掉了眉毛和头发，有的烧伤了脸，有的被气浪冲击成脑震荡。

1978年3月，在调试氢泵试验台时，泄漏的氢又引起大火，火焰升起有十多米高。

经过研制人员的顽强拼搏，半年以后，用液氢做燃料，发动机试车50秒、150秒、500秒和750秒，都取得成功。

1980年4月，在进行1000秒以上的长时间试车时，涡轮泵的轴承大概是被液氢"冻酥"了吧，遭到严重损坏。在7个月时间里，使几乎所有的涡轮泵研究人员都围绕着解决轴承的安全运转问题而在苦苦琢磨，终于将轴承问题解决了。

紧接着，氢泄漏起火的问题又接踵而来。大家坐在一起，分析产生泄漏的各种原因；观看录像带，一个画面一个画面地寻找泄漏的部位；分析检查每个零件是不是可能漏氢；进行各种分解和气密性试验。终于找到了氢泄漏起火的原因，提出了防止氢泄漏的综合措施。

到1982年，许多难关都一一闯过来了，胜利在望。但是，又一个重大问题出现了，那就是涡轮泵有时发生震动。它的出现没有规律。不震动时，发动机工作正常，一旦出现震动，就会造成严重破坏。为此，专门成立了攻关小组，这个问题也解决了。

1982年7月，大家期望发动机试车成功。但是，长长的火焰刚刚喷出来又很快缩了回去。这样一喷一缩，要三次才能正常工作。

缩火问题解决后，氢氧发动机于1983年8月进行全系统试车，获得圆满成功。氢氧液体发动机终于获得作为"长征3号"火箭发动机的资格。

1984年1月29日，新研制的氢氧发动机作为"长征3号"火箭第三级的发动机，发射通信卫星第一次点火工作正常，但第二次点火后不久就停止了工作。卫星没有进入预定轨道。

大家并没有因遭受多次挫折而失去信心，又鼓起劲头寻找出现故障

的原因，连新春佳节的休息都放弃了，昼夜苦干，终于在1984年4月8日，用这种发动机把试验通信卫星送入预定轨道。

当人们在地面上收到自己发射的通信卫星发回的信息时，兴奋的心情不言而喻，十年的辛苦不寻常，令人欣慰的是，它终于结出了丰硕的成果！

中国试验通信卫星（1984年4月8日发射发功）

25　输了一只烤鸭

——"亚洲1号"卫星升空小插曲

1990年4月7日，我国用"长征3号"运载火箭成功地发射了"亚洲1号"卫星。然而很少有人知道，为了4月7日这个日期，当中还有一段小小的故事哩！

为了给发射"亚洲1号"卫星选择最好的气象条件，西昌卫星发射中心的气象部门于2月28日就对4月份的天气趋势和天气过程进行了预报：4月1～3日有一次降温降水天气过程；4～6日天气较好；7～13日为阴雨多云天气，有降水和雷暴。因此建议4月5日为发射"亚洲1号"卫星的气象"窗口"。但是外方专家对此表示怀疑，因为世界上最先进的发射中心也只能提前半个月预报发射窗口，而且准确率只有60％。中国气象部门提供的预报准确吗？有关人士为此打了赌，赌注是一只烤鸭。

3月28日，在有关各方面举行的协调会议上，外方有意选择7日为发射窗口，发射中心主管气象的吴传竹再次明确表示，5日天气好，7日天气坏，应在5日实施发射。但外方仍不相信我们的天气预报，借口其他原因，坚持要在7日发射。双方僵持不下。

3月31日，气象部门发布了4月份的逐日天气预报：5、6日天气好，晴间多云，是最佳的气象条件；7、8、9、10日多云间晴，有小雨，只具备最低气象条件。4月1日中外双方再次开会协商，由于各种原因，我方同意在4月7日发射"亚洲1号"卫星，因为这虽不理想，但也具备最低气象条件。

西昌卫星发射中心对气象的科学预报是过得硬的。4月5日果然天气很好，发射场上空晴朗少云，艳阳高照，确是最佳的气象发射窗口。4月6日又是一个晴空万里的好天气。天气的变化正像预报的那样，到了6日晚上，强冷空气南下侵袭到发射场地区，天气转阴。4月7日上午乌云密布，北风呼啸。到了下午15时，开始下起小雨来。15时40分进入发射前4小时准备，发射场上空传来了隆隆雷声。由于天气不好，原定的19时50分第一个发射窗口不能实施发射。

最低气象发射条件的预报可靠吗？人们十分焦急，许多人都捏着一把汗啊！大家的眼光都转向气象工作人员。20时20分，气象部门值班员综合各方面的意见，做出了最新预报。吴传竹等人立即冒雨到最高指挥部汇报："21时前有零星小雨，21时天气转好，可以看到星星。云中

电场接近晴天电场，火箭发射时不会触发雷电。"

这短短的瞬间是最低气象发射条件，指挥员信心坚定了。在电视屏幕上立即打出了"'亚洲1号'卫星将于21时30分发射"的字幕。

"1小时准备！"指挥员下达了命令。但此时仍阴云密布，细雨蒙蒙。1小时后天气能转好吗？人们半信半疑。

但是，骄傲属于气象工作者，20时40分，云层开始变薄，雨渐渐稀少。20时55分，一阵南风刮过，雨住云消，天空露出了星星。21时正，发射场上空明月高照，满天星斗，发射窗口打开了。21时30分，火箭准时升空。

20分钟后，黑云又像天幕一样拉了过来，到22时，将发射场上空覆盖得严严实实。但此时"亚洲1号"卫星已与火箭分离，进入大椭圆轨道，已高居云层之上了。

事实雄辩地证明，中国专家的天气预报是准确的，外方专家输了一只烤鸭。

26 捆绑式火箭的诞生

——我国太空长征的新起点

1990年7月16日，中国新一代"长征2号"捆绑式火箭在西昌卫星发射中心首次试验成功，中国火箭的运载能力一跃而进入世界先进行列。这种先进的大推力火箭，从研制到发射成功，仅用了18个月，创造了世界航天史上的一个奇迹，是中国火箭史上一个新的里程碑。

根据1988年中国长城工业公司与美国休斯公司谈判签订的合同规定，中国必须在1990年6月30日前研制发射一枚"长征2号"捆绑式

火箭。

　　"长征2号"大推力捆绑式火箭简称"长二捆"火箭。它的最大特点，是采用先进的捆绑技术，即利用"长征2号丙"火箭的一级、二级火箭加长成为芯级，然后在周围捆绑4台液体火箭助推器，这样，就可在"长征2号丙"火箭的基础上大大提高它的功率。

　　"长征2号丙"火箭原来全长34米，因为加长了一级、二级火箭作为芯级，使它全长增加到51.2米，火箭直径仍保持原来的3.35米；起飞质量由原来的192吨加大到总起飞质量461吨；总推力由原来的280吨加大到600吨，可把8.8吨重的物体发射到200～400千米的近地轨道；如果加上第三级火箭，就能将2.5～4.5吨重的卫星送上3.6万千米的地球同步转移轨道。研制这样一种新型火箭，通常至少要四五年时间，现在从设计、生产到发射总共只有18个月，任务十分艰巨。按工程量计算，要在3个月内完成全箭24套、44万多张图纸的设计描绘；要在14个月内完成七八千项生产任务，组织几十万道工序，生产几十个部件、十几万个零件，设计制造工装5千多项；要在全国25个省市、300多家工厂解决7445项材料和元器件，

中国"长征2号"捆绑式运载火箭起飞

包括在 4~5 个月内备齐 2000 多吨金属材料，5~6 个月内备齐 1100 多项外购机电产品和 58 万件电子元器件；要完成各种地面试验 300 多项。总之，这样浩大的工程经过广大工程技术人员和工人的齐心拼搏，背水一战，克服困难，攻克技术难关，终于在规定期限内把"长二捆"巨式火箭研制出来了。

1990 年 4 月 22 日，"长二捆"合练箭出厂，5 月 20 日飞行箭出厂，6 月 29 日一枚"长二捆"火箭竖立在发射台上，按计划要求完成了发射前的一切准备工作。

"长二捆"火箭发射的当天早晨，在西昌卫星发射中心新落成的大型发射场上，数以千计的人翘首观看发射的盛况。"呜呜……"发射场响起急促的警报声，试验人员迅速撤离现场，高大的活动塔架开始移动，露出了整装待发的火箭。它像一支擎天大柱，挺拔矗立在发射台上，紧紧依偎在固定塔架的怀抱里。9 时 40 分，"点火！""起飞！"随着一连串短促有力的指令，威力强大的"长二捆"火箭喷出 8 条火龙，在震天撼地的呼啸声中拔地而起，以雷霆万钧之势直冲云霄。只见火箭拖着长长的火焰，向东南方向疾速飞去，不一会，在蓝天中留下一串串白色烟带，隐没在天际。西安测控中心传来振奋人心的报告："发射成功！"中国研制的新型捆绑式运载火箭发射告捷，成为向太空长征的新起点。

27　经过挫折走向成功

——"长二捆"火箭发射澳星经历

1992 年 8 月 14 日 7 时整，在西昌卫星发射中心，伴随着"点火"

口令，一声巨响震撼山谷，"长征2号"捆绑式火箭携带一颗美国制造的澳大利亚卫星缓缓离开发射台，飞上苍穹。当火箭飞行679秒后，火箭与卫星按时分离，澳星 B_1 被准确送入预定轨道。这一胜利表明：中国已拥有了发射重型卫星的实力，并实实在在地进入国际商用卫星发射市场。这颗澳星的发射成功，来得可不容易。

1988年11月1日，中国长城工业公司与美国休斯公司签订了一份合同，中国用"长征2号"捆绑式火箭发射两颗澳星。这份合同还规定，中国的"长二捆"火箭必须在1990年6月30日做好发射试验准备，如果试飞失败，则合同失效；如果无正当理由逾期，将承担巨额罚款。从1988年11月到1990年6月底，时间只有18个月。按通常情况，研制这样一枚火箭至少要4年时间。但中国航天人凭借顽强拼搏、为国争光的精神，在"长征2号丙"火箭的基础上，攻克了箱体稳定、捆绑联结、纵向耦合震动、助推火箭分离、整流罩对接分离等20多个技术难关，终于在规定时间之前一天，一枚"长二捆"火箭巍然耸立在发射架上。1990年7月16日，数万航天职工用智慧、心血和汗水铸成的"长二捆"火箭，带着亿万中国人民的希望和力量，圆满完成首次飞行试验。"长二捆"火箭闯过了第一关。

"长二捆"火箭试飞成功，表明已经可以执行发射澳星的任务。不料"长二捆"火箭的命途多舛，在飞向太空的道路上遇到了严重挫折。1992年1月29日，一架载有澳星 B_1 的波音747飞机徐徐降落在西昌机场。经过中美双方多次协调和变更时间，最后确定3月22日为发射的日子。这一天早晨6时40分，随着"点火"口令下达，伴着雷鸣般的响声，发射架上的"长二捆"火箭底部喷出一团熊熊火焰。人们正要欢呼发射成功，但令人吃惊的情况发生了：火焰突然减弱，火箭微微摇晃了一下，便纹丝不动了。

怎么回事？经过检查，原来是"长二捆"的第1号、第3号两台助推火箭出现了意外关机，没有产生足够的推力，火箭自动终止发射。助推火箭为什么会意外关机呢？又经过进一步的检查，终于查明，那是由

于火箭上的程序配电器的两个簧片之间，夹杂了一个铝质多余物，造成短路故障，使这次为世界瞩目的卫星发射夭折在摇篮里。

幸好火箭未能升空，澳星 B_1 仍安全地留在大地上。但这一挫折仍旧给中国航天人带来巨大压力，因为澳大利亚正指望着澳星为他们的通信服务。没有退路，只有从失利中奋起，重新拿出 8 台新的发动机，再

"澳赛特 B_1" 通信卫星

造一枚火箭，仔细检查其中的质量问题。经过4个月的奋战，一枚新装配的"长二捆"火箭又运到西昌发射场。8月14日，这枚火箭终于将那颗澳星 B$_1$ 重新发射成功，准确地把它送入预定轨道。

虽然曾经出现小小的波折，但这第一颗澳星的发射成功，是中国航天技术实现的一次辉煌的跨越，在世界上引起巨大反响。

按照合同，第二颗澳星 B$_2$ 于1992年12月21日仍由"长二捆"火箭发射升空。火箭升空顺利，并已经顺利地将卫星送入预定轨道。但第二天负责跟踪卫星的美国休斯公司却反映说，他们接收不到澳星 B$_2$ 的信号。

又经过双方仔细检查，才发现这次是澳星出现故障。这颗卫星事实上在发射过程中就已爆炸解体，尽管火箭继续飞行，但卫星却未能成功。

好事多磨，经过协调，两年后的1994年8月28日，中国用"长二捆"火箭发射第三颗澳星 B$_3$，获得成功。美国休斯公司副总裁说："这次发射对我们来说是非常重要的，我认为中国的卫星发射技术是非常卓越的。"至此，中国火箭发射两颗美制澳大利亚通信卫星的合同全部完成，"长二捆"火箭带着辉煌的业绩成功地向世界表明：中国大型运载火箭技术经过从挫折到成功的考验，将攀登新的高峰。

28 中国航天走向世界

——"长征号"火箭发射商业卫星成功

1990年4月7日，中国用自行研制的"长征3号"运载火箭，将美国休斯公司制造的"亚洲1号"通信卫星准确送入预定轨道，开了中国

发射外国卫星的先河，标志着中国进入国际商务发射市场。

在此之前，"长征 3 号"火箭已进行过 6 次发射，第一次基本成功，其后 5 次均将通信卫星送上地球同步轨道。1989 年 1 月 23 日，中国长城工业公司与亚洲卫星公司签订了用"长征 3 号"火箭发射"亚洲 1 号"卫星的合同。从签订合同到发射，只有 14 个月的时间。在这很短的时间内，完成火箭的研制生产和星箭对接成功，要战胜一系列技术难题。

说起这"亚洲 1 号"卫星，它有一段不平常的经历。它原是美国休斯公司制造的，代号为 HS376，命名为"西联星 6 号"。星体为双套筒结构，发射质量 1240 千克，入轨质量 570 千克，装有 24 个转发器，设计寿命 10 年。1984 年 2 月 3 日与另一颗印度尼西亚卫星一起由"挑战者号"航天飞机携带升空施放，但都因为有效载荷辅助舱的火箭发动机提前熄火，未能进入预定的同步转移轨道，"西联星 6 号"只在远地点 1190 千米、近地点 250 千米的椭圆轨道上运行。

于是，美国决定把这颗"西联星 6 号"从太空中收回。就在这年的 11 月 4 日，美国"发现号"航天飞机上天，担负回收"西联星 6 号"的任务。"发现号"经过数十次轨道机动飞行后，与卫星会合，然后由两名宇航员出舱，手握 1.6 米长的对接器向尾部飘去，当接近卫星后，便将对接器的插杆插入卫星远地点发动机的喷管内，使卫星停止转动，这时航天飞机上的宇航员操纵遥控机械臂向插杆靠近，抓住插杆外端的固定装置，把卫星吊装到航天飞机货舱内，整个回收过程耗费 6 个多小时。这颗卫星回收后，经过修复，转让给亚洲卫星公司经营，改名"亚洲 1 号"。中国"长征 3 号"火箭承担了这颗命途多舛的卫星重返太空的任务。

"长征 3 号"火箭与"亚洲 1 号"卫星对接匹配是个大问题。中国科技人员瞄准世界先进水平，按照国际标准，设计和生产了星箭过渡锥。当星箭过渡锥和包带模型在洛杉矶与美国制造的卫星一次对接成功时，美国休斯公司的专家既满意又惊奇。随后，中国对涉及成千上万数

据的五大系统进行分析，通过中美双方技术协调，完全符合要求。在西昌卫星发射中心还建造了亚洲最大的卫星装配测试厂房，研制了新型油气弹簧悬挂运输车等发射美国卫星所需要的设备。直接参加"长征3号"火箭研制、生产和发射任务的人员达数万人，提供火箭所需原材料和元器件的厂家有数百个，完全按发射合同完成了准备工作。

1990年2月12日，"亚洲1号"卫星从洛杉矶运抵北京机场，然后转往西昌卫星发射中心，与"长征3号"火箭装配对接顺利完成。4月7日7时30分，发射场上空还下着雨，不时地响雷，但到9时30分，也就是计划发射的时间，发射场上空的云团突然散开，露出了晴朗的窗口，"长征3号"火箭载着"亚洲1号"卫星徐徐升空，只见它拖着长长的火焰，笔直地穿出大气层。"亚洲1号"卫星顺利地脱离火箭，进入预定轨道。中国长征火箭的卫星发射一举成功。从此，中国航天走向世界，在中国航天史上掀开了新的一页。

29 卫星在太空失踪

——载着奇珍异宝的卫星

1993年10月8日，中国第15颗返回式卫星发射成功，卫星进入近地点213千米、远地点318千米的预定轨道运行，卫星上各种仪器工作正常。这颗卫星重2099千克，按计划在太空完成科学探测、微重力试验和其他搭载任务后回收。但在轨道上运行8天后，由于卫星控制出现故障，未能按计划返回地面。这是中国迄今发射的17颗返回式卫星中唯一一颗在太空失踪的卫星，一时成为人们关注的话题。

这颗卫星飞到哪里去了？它会从天上掉下来吗？人们对这颗卫星的

命运的关注，超过了以往为科学实验目的而发射的卫星，原来这颗卫星上还携带着各种奇珍异宝哩！

这颗在太空失踪的卫星，除载有晶体冶炼炉、植物种子、昆虫、菌种、微生物等实验物品外，最引人注目的是新搭载了一批纪念邮封和私人物品，其中内地纪念邮封有 1000 枚。这种邮封左侧为一朵红白相间绽开的降落伞，降落伞上绘有卫星图像，右下角印有防伪标记和防伪荧光暗号，上部印有"93-035 中国首次星载回收纪念封"字样，以一幅"长征 2 号丙"火箭发射返回式卫星的照片为邮封背景。北京市司法局公证处的两名公证员在酒泉卫星发射中心现场在邮封袋装进卫星后贴上了"中华人民共和国北京市公证处"的封条。这种纪念邮封对集邮爱好者，当然是十分珍贵的。

此外，卫星上还装有中国卫星发射代理（香港）有限公司制作的 3000 枚纪念邮封，一只盛有一尊金质观音菩萨和一尊金质如来佛铸像的圆柱形金属桶，一枚镶着 44 颗钻石、正面印有毛泽东主席浮雕头像的毛泽东诞辰 100 周年纪念金币，一块称为"满天星"的钻石手表，一块金铸的 50 美元制币模板，一对白金戒指和一只钻石戒指，21 盘高档激光唱盘，一台 BP 机，一块名车钥匙链牌，两张信用卡，7 张包括结婚照的照片，194 张名片，等等，共 235 件。这些物品随卫星上天而环绕地球旅行。当它们从太空旅行后返回地球时，每一件都将成为无价之宝。

这些奇珍异宝就真的是一去不复返了吗？卫星原定 10 月 16 日返回，但当地面发出返回指令后，由于卫星未能调到预定的角度，致使卫星回收失败。返回式卫星的回收技术十分复杂，难度很大，世界上还只有美国、俄罗斯和中国掌握了卫星回收技术，美国、俄罗斯也时有卫星回收失败的情况。

这颗卫星不能返回，但也不能长期在太空运行。由于卫星偏离原轨道较大，只能暂时浪迹天涯。根据它在太空运行的阻力衰减推算，能在太空再呆半年，因此地面跟踪测量站一直在捕捉它的行踪。由于卫星上

没有任何核燃料及其他有害物质，所以即使陨落下来，也不会造成威胁和危险。但人们关心卫星上的那些奇珍异宝会不会完好地荣归故里！

30　地球外的转播

——通信卫星的提出

1945 年，当时在英国皇家空军担任雷达教练员的克拉克，向英国星际航行学会递交了一份报告，题目是《地球外的转播》。在这份报告中，克拉克设想，如果在地球以外的太空中有三颗静止不动的卫星，作为无线电通信的微波中继站，那么由它们转播出去的微波信号就可以覆盖地球两极以外的任何一个地方。

克拉克为什么会提出这样一个设想呢？这是因为，此时人类的无线电通信已经发展到微波通信。微波通信容量大，质量好，既稳定又可靠，然而微波的波长很短，只适合在不受到障碍的距离内直线传播，如果遇到高山，电波就会被阻挡而反射掉，对方就收不到电波信号，通信也就无效了。

为了克服微波通信的这一弱点，人们就在地面上每隔一定距离建立起一个微波中继站，站上建立起高高的天线发射塔，以便接收并转发微波。一座 50 米高的发射塔，它的有效传播距离只能在方圆 50～60 千米。这样的传播方式当然是很不方便的，比如说，从北京把电视传播到上海，这当中就要建造十几个中继站，更何况有不少地方是高山、是沙漠或是河流，人们无法在这些地方建立中继站啊！

所以克拉克说，他已经在太空中找到了建立微波中继站的位置，那就是在地球赤道的上方，距离地球 35860 千米的高空，有一条轨道，让

人造卫星在这条轨道上以每秒 3.075 千米的速度自西向东绕地球作圆周运行，这样它每绕地球一周的时间是 23 小时 56 分 04 秒，与地球自转一周的方向相同，速度相同，成为同步卫星。在这种卫星上建立微波中继站，不是既稳定又安全吗？

克拉克经过计算认为，如果在地球上空有三个静止的卫星作为中继站，那么除地球的两极以外的所有领域，它们中转的微波都可以覆盖上了。

不过那时虽然对于航天科学的研究已经很为人们所瞩目，但人造卫星还没有上天，加上还要求将人造卫星发射到那么精确的轨道上，真是谈何容易，所以一般读者把克拉克提出的这一设想当作是科学幻想，甚至连航天专家也不免对这种设想持怀疑态度。

直到 1965 年 4 月，美国发射了试验型的第一颗通信卫星——"晨鸟号"，由它作为中继站转播的微波，使巴西、尼日利亚和美国新泽

克拉克的同步卫星设想，这样就可实现除两极以外的全球通信

西州的部分地区之间得以进行了通话和电视转播，克拉克也因此而被认为是最有预见性的杰出的科幻作家和科学家。

就在这一年的 6 月，"晨鸟号"通信卫星就被正式启用于北美与欧洲间的国际商用通信，这颗卫星也就因此被正式命名为"国际通信卫星 1 号"。通信卫星是应用最早的卫星之一，之后许多国家也都发展了通信卫星。到现在，通信卫星已经进入第八代了。

中国也于 1984 年 4 月 8 日发射了第一颗同步通信卫星，为我国通信事业的发展起了重要的作用。

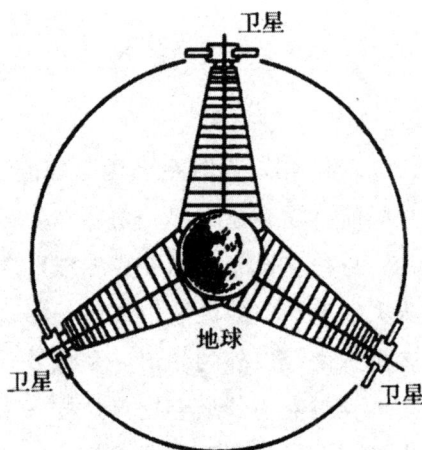

31 明灯高挂照玉宇

——中国地球同步卫星发射成功

1975年春，中国提出研制通信卫星的方案。1977年组织队伍，开始运载火箭和通信卫星的研制工作。1982年秋，在第二次联合国探索及和平利用外层空间会议上，中国代表庄严宣布：中国将在1984年用自行研制的运载火箭发射第一颗地球同步轨道试验通信卫星。中国按计划实现了这一历史使命。

1984年1月29日，中国第一枚新型"长征3号"运载火箭发射一颗试验卫星，由于火箭第三级第二次点火出现故障，未能进入3.6万千米的高空轨道，但却向冲击地球同步轨道作了一次预演。两个月后，中国第一颗地球同步轨道通信卫星发射成功，揭开了中国航天史上新的一页。

在中国西南一隅，群山叠嶂，峰峦起伏，在山谷之中屏卫着一座航天城，这就是西昌卫星发射中心。1984年1月29日这一天，在发射基地，巍峨耸立的发射塔架高达数十米，一枚乳白色的"长征3号"火箭昂首挺立，在阳光下闪烁着耀眼的光芒。当夜幕降临时，指挥大厅里的彩色信号灯不停地闪烁，发射倒计时开始。19时20分，随着"点火"指令下达，操作员按下电钮，发射场上一声巨响，火箭拖着长长的烈焰腾空升起，直奔苍穹。

"发现目标！""飞行正常！"各地观测站传回火箭飞行情况的报告。地面控制中心对接收到的成千上万个数据进行计算处理，在自动记录仪上显示出一条火箭运行的轨道曲线。"星箭分离！"控制中心一声令下，

"长征3号"末级关机,"东方红2号"卫星与火箭脱离,从初始轨道飞向转移轨道,并按预定程序继续运行。"加旋!""一次调姿!"卫星转速加快到额定数值,姿态调整到预定角度。卫星绕地球飞行,源源不断地把信息传回地面控制中心,报告着卫星运行正常,各种仪器工作良好。当卫星飞往太平洋上空时,在赤道附近洋面上的"远望号"测量船,捕获到了卫星的行踪,在控制室的荧光屏上立即显示出卫星飞行的数据和卫星准确入轨的信号。

"东方红2号"通信卫星发射后两天,星上远地点发动机点火,使卫星适时由大椭圆轨道转入地球准同步轨道。卫星在大椭圆轨道上飞行37个小时,当卫星在大椭圆轨道飞行4圈,准确到达赤道上空约3.6万千米的远地点时,远地点发动机二次点火,卫星获得新的推力,告别大椭圆轨道,把近地点也推到离地面约3.6万千米的高度,从而顺利地进入大圆形的准同步轨道。

这时,地面控制中心控制卫星以缓慢的相对速度沿地球赤道上空的预定位置漂移,这短短的航程竟走了7天。最后在4月16日18时27分57秒,卫星准确漂移到东经125度赤道上空的预定位置定点,开始位于地球的同步轨道上飞行。

4月17日晚上,中国边城乌鲁木齐地面站通过这颗卫星转播了中央电视台的节目,电视图像清晰,画面稳定,色彩鲜艳,伴音优良。北京通过高挂太空的这颗通信卫星,向乌鲁木齐传送无线电波,相距7万多千米,但往返一次只需0.27秒,而且通话语音清晰,失真小。中国第一颗通信卫星终于在茫茫太空铺设起了一条信号通道。

32　叱咤风云

——气象卫星综观全球天气

地球上的气象千变万化，有晴天、阴天、下雨、雷电、大风等等，都是由地球上空的大气层所引起的。人们曾经通过气象台、气球、飞机以至火箭，去探测天空中大气层的运动和变化情况，争取能够提前和准确地作出天气预报。

然而这些了解大气层的科技手段，都受到一定的限制，而且地球上有80％的地区无法用上述工具去观测。自从人造卫星上天以后，科学家就想到可以利用卫星来帮助观测气象，因为卫星具有大范围地、及时迅速地、连续完整地向地面发回信息的特点。于是，科学家设计了为预报天气的气象卫星。

世界上第一颗气象卫星叫"泰罗斯"，是美国1960年发射的。到现在，美国、俄罗斯、日本、欧洲空间局、中国、印度等国家和组织，已经发射了100多颗气象卫星。

中国的第一颗气象卫星是1988年9月7日，由自制的"长征4号"运载火箭发射的，它就是太阳同步轨道气象卫星"风云1号"。这颗卫星的发射成功，标志着中国气象事业现代化的一个巨大进步。

这是第一次在太原卫星发射中心发射卫星。太原卫星发射中心位于太原西北，有着独特的地理条件，能满足多射向、多轨道、远射程的卫星发射要求。"风云1号"卫星是个重750千克、高1.2米、长宽都为1.4米的方形匣子，展开后的太阳能电池板长8.6米。它在900多千米的外层空间，运行轨道沿地球经线，经南北两极，因此叫极地轨道卫

星。因它和太阳一样每天由东向西，在相同的时间经过同一地区，所以又叫太阳同步轨道卫星。在这条可对全球观测的轨道上，"风云1号"卫星一昼夜绕地球14圈，覆盖地球两次。卫星上装有两台高分辨率扫描辐射仪，共有5个探测通道，可探测白天和夜间的云图、地表图像、海洋水色图案、海洋面温度、冰雪覆盖及植被生长情况。它的主要任务是获取全球的气象信息，并向全世界气象卫星地面站发送气象资料。

当"长征4号"火箭将"风云1号"气象卫星发射升空，卫星进入预定轨道后不久，卫星地面站就收到了卫星发送回的气象信息和第一幅太阳刚从地平线升起的云图照片。照片图像清晰，纹理清楚，层次丰富，表明它完全符合设计要求。"风云1号"气象卫星正式投入使用后，对提高中国天气预报水平，特别是灾害性天气的监测和预报能力，具有重要意义。

"风云1号"卫星在总体方案设计和采用新技术方面，刷新了不少纪录。第一项，卫星上配备了大面积折叠式太阳能电池阵，阵上贴有1.4万多片20平方毫米的硅类电池片，可产生一次能源800多瓦的电力。第二项，采用由高分辨率扫描辐射计构成的遥感器，这是一种五波段成像遥感仪器，在获取到地球地表、洋面及大气云层向空间辐射的信号后，立即被转换成各种波段的电信号，经处理后可以适时或延时向地面观测台站传输三种图像数据。第三项，首次采用长寿命含数字化控制的三轴稳定对地定向的姿态控制系统，保证卫星在运行中始终保持对地面垂直的稳定状态。

1990年9月3日，第二颗"风云1号"气象卫星又发射成功。中国国家气象局是"风云1号"卫星的使用部门。9月27日它在祝贺电文中称："经过20多天的在轨调试，卫星上仪器工作正常，红外和可见光云图图像和地物目标清晰，云系层次丰富。卫星资料已开始用于气象分析的预报业务，并为第十一届亚运会的气象工作作出了贡献。卫星发射成功后，我们已将卫星轨道参数向国外传送，国外已接收到第二颗'风云1号'卫星发送的云图，反映良好。"

中国气象卫星"风云1号"

气象卫星的作用是很大的。1981年，中国长江流域发生特大洪水，要不要在荆江实行分洪，当时国家的决策机构拿不定主意。气象部门根据从国外气象卫星提供的资料分析，提出不分洪的建议，结果避免了10万人的不必要的搬迁，并使4万公顷农田免于被淹，减少经济损失6亿元。又如1987年5月大兴安岭林区发生森林大火，由于通信设备没能跟上，外面的人都不知道，还是从气象卫星上发现了火灾地点，才及时准确地派人去扑救。

1997 年 6 月 10 日，中国科学家又研制和发射了性能更先进的"风云 2 号"地球同步轨道气象卫星，并已投入应用。

33 飞机失事坠落在哪里

——向卫星求救

在加拿大，有位名叫西姆斯基克尔的人，他年轻的儿子喜欢飞行。1982 年 9 月的一天，他儿子驾驶私人飞机在加拿大西部山区上空飞行，不幸失踪。为了寻找儿子的下落，西姆斯基克尔与他的两个朋友租了一架小型飞机，三人一起驾机去寻找。他们带着无线电收发机从东南向西北飞过不列颠哥伦比亚省的群山，但没有发现呼救信号。儿子很可能是飞机失事身亡了。于是他们绕圈飞行，寻找飞机失事的踪迹。但那里山峦起伏，森林茂密，气流变化非常剧烈。不幸得很，西姆斯基克尔自己驾驶的飞机却在迪斯莱克和道森克里克的群山峡谷中失事坠毁了。

加拿大航空救险队接到西姆斯基克尔驾机失事的报告后，立即派出飞机去救援。但是，经过一个多小时的搜寻，没有收到他们呼救的无线电信号，也没有发现他们的任何踪迹。

飞机寻找毫无结果，还有别的办法吗？大家知道，加拿大西部山区非常广阔，山势险峻，丛林密布，浩如烟海，是无法从地面进行寻找的。怎么办？

维多利亚营救中心建议向卫星求救。

事有凑巧，就在这一情况发生的前三个月，1982 年 6 月 30 日，苏联发射了第一颗救援卫星"宇宙 1383 号"，经过两个月的精确调试，刚刚投入使用，而且正好就要飞过加拿大的上空。但是，救援卫星能管得

这么细、这么具体吗？人们心中没底。

渥太华卫星救援中心接到报告后，整个系统立即行动起来。几个小时之后，"宇宙1383号"救援卫星果然传送来了微弱的无线电呼救信号。计算机寻踪追迹，很快就查出了无线电呼救信号发出地点的方位，它在卫星运行轨迹以西1900千米的斯蒂金山区域内。

救援总部立即派出飞机飞往斯蒂金山区。搜寻人员果然很快就监听到了呼救信号。飞机在呼救信号发出的地区盘旋飞行，不久就发现了在高耸入云的松树林中有一顶红色的帐篷。飞机上的军医跳伞降落后，在帐篷里发现了三个人。他们正是西姆斯基克尔和他的两个朋友。他们一个摔断了腿，一个摔折了手臂，另一个腰部受了伤。但万幸的是，他们都还活着，只不过急需治疗和护理。如果再过几天，他们肯定就没命了。至于西姆斯基克尔的儿子，由于已错过及时援救的时间，无法寻找了。

这就是人造卫星第一次救人的故事。

过去，飞机和船舶失事，遇难人员用无线电呼救机发出"SOS"信号，向陆地电台和过往飞机、船舶求救，由于受地形和距离的限制，有时很难被接收到，有时虽然知道飞机或船舶出了事，但由于不知道精确的方位，搜索的范围太大，往往耽搁宝贵的救援时间。自从有了救援卫星以后，几个卫星组成救援卫星网，它们随时都能收到地球上任何地方发出的求救信号，然后转发给就近的救援中心，电子计算机可以立即计算出出事地点的方位，由救援中心及时就近派出救援飞机或船舶有目的地前去救援，赢得了宝贵的时间，大大提高了救援的效果。因此，国际海事部门已作出决定，从1993年起逐渐取消"SOS"求援信号系统，而改用卫星救援系统。目前，许多船舶和飞机已经安装了新的遇难安全系统——"GMDS"。

34 幸运的海上遇难者

——救援卫星及时呼救

1982年10月9日夜里，大西洋上刮起狂风，一艘叫做"冈佐号"的赛艇在风浪中挣扎，但是它没有躲过厄运，在凌晨时终于被风浪掀翻。美国人罗伯特·古德曼、英国人奈·威廉斯被罩在船中，他们虽然呆在齐腰深的水中，但有船身保护着，反倒十分安全。他们在船壳上锯了一个洞，把被摔出去的美国人沃尔特·格林也拉了进来。他们三人暂时没有生命危险了，但"冈佐号"赛艇仍处在任凭风浪摆布的危险境地。威廉斯只得取出一台小型无线电发射机发出求救信号。

当晚，环球航空公司一架飞往里斯本的夜航班机的机组人员，收听到了"冈佐号"的微弱无线电呼救信号。他们立即报告了联邦航空管理局海洋交通控制中心，该中心又用电话告知了美国海岸护卫队纽约营救中心的值班军官罗伯特·戈茨上尉。戈茨根据这架飞机记录的求救信号，估算遇难船只至少偏离飞机航线160千米。但是它在哪个方向？是偏南还是偏北？不知具体方位，要在这样浩瀚的海面上搜寻目标，需要花好几天时间。要尽快测出遇难船只的精确位置，最好的办法是向投入使用不久的苏联"宇宙1383号"救援卫星求援。

伊利诺斯州斯科特空军基地的飞行控制中心有跟"宇宙1383号"卫星联系的计算机系统。戈茨就给卫星打电话，要求卫星提供精确的方位数据。在大西洋上空1000千米飞过的"宇宙1383号"救援卫星，很快就测到了"冈佐号"的无线电呼救信号，并把它转发给了斯科特空军基地。通过计算机的精确计算，测定了失事船只的方位，它在环球航空

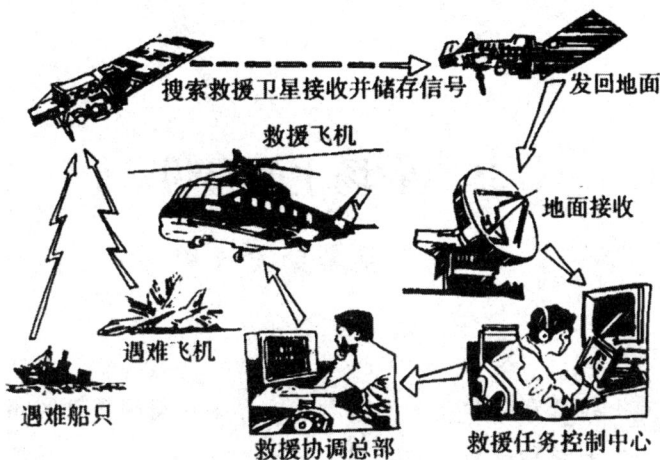

救援卫星实施救援示意图

公司夜航班机航线偏南约 160 千米的地方。

第二天早晨 6 时 55 分，美国海岸护卫队立即从离得最近的北卡罗来纳州伊丽莎白城航空站调遣了一架"大力神"式远程涡轮螺旋桨飞机，飞往船只失事海域侦察。

不久，飞行员比尔·斯洛博尼克在离测定点约 18 千米的地方，发现了被风暴掀翻了的"冈佐号"赛艇。"大力神"式飞机迅速飞近目标。这时，"冈佐号"上的三名水手也发现了飞机，威廉斯和古德曼将头伸出洞外张望，格林使劲地按动无线电发射机的电键。在飞机距离"冈佐号"约 150 米时，飞行员看到了从船壳中伸出的那两个脑袋，他的耳机里也清晰地响起了无线电求救信号。

"找到啦！"斯洛博尼克兴奋地大叫起来。

美国海岸护卫队立即命令在 160 千米外巡逻的"强力号"快艇前去营救。当天下午，"强力号"快艇飞速赶到了"冈佐号"失事的地点，把在水中泡了两天的格林、古德曼和威廉斯救了出来。

"冈佐号"的三名水手非常幸运，他们是救援卫星营救的第一批海上遇难者。

35 农场主的喜悦

——卫星帮助发大财

弗兰克·拉姆和弗兰克·伯格塔拉姆兄弟在美国俄勒冈州共同经营一家农场，主要是种土豆，每年种 4000 公顷。过去，由于对土豆的行情摸得不准，有时为了减少贮存的损耗，收获后很快就给卖了，赚不到很多的钱，后来土豆涨价，干看着别人赚大钱。有时接受这种教训，兄弟俩把土豆暂时贮存起来，可偏偏土豆的价钱越来越贱，到头来还是低价卖了出去，去掉损耗，还不如收后就卖，白白花了不少贮藏费用。

1983 年初，弗兰克兄弟成立了克罗皮克斯公司，决定利用最先进的技术来收集信息，改善经营。经营农场，有两种信息必须掌握，一是农作物的生长和收获情况，这包括别人的、这个地区的，甚至全国的产量预估信息。有人说，你们种自己的土豆，管别人种的干吗?! 弗兰克兄弟却回答说，噢，这很重要，往下看你就知道了。二是他们还需要掌握市场变化情况的信息，这就是预测土豆的销售价格变化。

用什么先进技术来收集这两方面的信息呢？弗兰克兄弟用地球资源卫星提供的遥感照片，来预测土豆的产量和市场变化。农作物的长势、收成和市场受很多因素的影响，往往瞬息即变，所以收集遥感信息要经常，特别是要及时。如果不经常，反映的信息不准确；如果不及时，超过两星期的信息，就没什么用处了。

弗兰克兄弟在土豆生长和收获的一个周期内购买 5 次卫星遥感照片，每次两张。通过照片上反映的土豆生长情况来预测土豆的产量。这样虽然每年要花几千美元买卫星遥感照片，但给他们带来的收益却

更大。

就拿开始的 1983 年来说吧，他俩共花了 6650 美元买土豆遥感照片。但是从照片上获得了宝贵的信息，知道美国土豆主要种植区哥伦比亚盆地这年土豆歉收。于是兄弟俩在土豆收获后先贮藏起来不卖。而哥伦比亚盆地的农场主不知道这个信息，他们在土豆收获期间就竞相上市出售，把价格压低到每吨 80 美元，经过 90 天收获季节后，他们发现土豆的产量大幅度下降了，价钱陡然涨到每吨 130 美元，涨幅达 63％。但他们的土豆已卖得差不多了，后悔也来不及了。而弗兰克兄弟的土豆还一点没有卖。涨价后，他俩把土豆抛售出去，就凭前后差价这一项，这兄弟俩就多收入了 75 万美元。这一下你知道了解别人情况的重要性了吧。中国不是有句俗话"知己知彼，百战百胜"吗？

弗兰克兄弟和他俩经营的克罗皮克斯公司从此出了名，他们的一举一动都受到广泛的注意。他们的做法也引起美国政府的重视，农业部决定在 1985 年投资 1200 万美元，首先在堪萨斯州进行实验，利用卫星的遥感照片来预测那里农作物的产量。然后逐年增加投资，把卫星估产扩展到全国，而最终目标是要能准确地预测全世界每年的主要农作物的产量。这样，美国在全世界的粮食生意中，就掌握了充分的主动权。当然，他们通过掌握的粮食生长和收成的信息，在国际粮食上多赚的钱，要比弗兰克兄弟在土豆上赚的钱要多得多了！

36　云雾遮不住的"北斗星"

——卫星帮助指航向

1982 年秋天，一支由英国和中美洲国家洪都拉斯的考古学家组成

的考古队，在洪都拉斯沿海考古。那里是茫茫无际的热带雨林，参天的大树遮天蔽日，各种野兽出没无常。一天，考古队刚刚测量完一个考古地点，突然从林中窜出一只饥饿的野猪来。考古学家赶忙背靠背地聚成一圈，准备抵抗野猪的攻击。野猪见斗不过众人，就将一卷包着橡皮的天线吞吃了。

野猪走后，考古学家赶快收拾各种用品离开那个地方。但是郁郁葱葱的森林，使考古学家分不清东西南北，他们在密林中穿行了大半天，最后发现还是在原地兜圈子。他们迷路了。接着天又黑了下来。他们只好走到一个树木稀少的地方，想通过北斗星来辨认方向，但所有的星星都被云层遮住了，他们处在危急之中。

在森林、沙漠、雪原中迷了路是很危险的，各种辨别方向的常识几乎都无能为力。1979年，我国新疆科学院副院长、著名的科学家彭加木带队在罗布泊地区考察，他离队去为大家找水，结果迷了路，不幸被黄沙吞没。我国有一支女子测量队，在青藏高原进行测量工作。一天，她们完成测量任务后回营地，走着走着就迷了路。高寒的青藏高原，不仅到处地势相似，而且昼夜温度变化很大，还缺氧，使人行走困难。这支女子测量队终因找不着营地而全体以身殉职。一名解放军战士在长白山林海中迷了路，走了几天几夜都没有走出森林。其实有时已走到了森林的边缘，但他自己不知道，最后竟在森林的边缘死去了。1985年，一支为电站选址的电力工程队在长白山茫茫林海中迷了路，被困在茂密的森林中。最后调动当地驻军，四处寻找，才把他们营救出来。

那么，这一回英国和洪都拉斯的考古学家的命运将会怎么样呢？幸好，他们中有一名英国考古学家从伦敦出发时带了一台手提式卫星定位仪，可以和美国发射的"子午仪"导航卫星联系。

导航卫星是设在天上的无线电导航台。它可以在任何恶劣的气候条件下，昼夜为在世界各个角落的飞机、舰船指示航向，导航精确度误差极小，操作自动化的程度高，不必使用任何地图即可显示出它们在地球上的确切位置。

这位考古学家立即用手提式卫星定位仪向太空中的"子午仪"导航卫星发出求助的信号，大约只花了5分钟，很快就与飞过上空的"子午仪"导航卫星联系上了，在考古学家的手提式卫星定位仪上，立即显示出他们所在地点的经纬度和海拔高度。在导航卫星的指引下，考古学家终于顺利地走出迷途，找到了正确的回归道路。

对陆地野外勘探队来说，利用导航卫星来定位指路，这是第一次。而现今，导航卫星已成为世界成千上万个野外作业队的云雾遮不住的"北斗星"。

过去，是无人敢贸然进入浩瀚的大沙漠中去的。如世界上最干旱的北非撒哈拉大沙漠就是这样。第二次世界大战中和第二次世界大战后，由于军事活动和科学考察的需要，也只有少数军人和科学家在它的边缘活动过。有

"子午仪"导航卫星

了导航卫星以后就不同了。美国地质调查局的麦考利等人，竟然进入撒哈拉大沙漠的腹地勘探地下水源，并胜利地完成了任务。

37　冰冻海船幸得脱险

——卫星帮助找出航道冰缝

1983 年 10 月中旬，苏联 50 多艘货船和油轮，为给北极圈内地区、西伯利亚和远东的城镇和居民点送过冬的燃料和日用品，正浩浩荡荡航行在远东科隆海湾。不料一场北冰洋寒流提前袭来，这是一场多年来罕见的寒流，凛冽的寒风使温度一下子降到 100 多年来的最低点，从北冰洋铺天盖地般涌来的海水很快就被冻结成冰。50 多艘货船和油轮陷在厚厚的冰层之中，失去了活动的能力。其中几条船的船身，还被强大的冰块压力挤断了。

怎么办？如果等冰化了再启航，那要等半年啊！

为了营救被困的船队，人们提出用"列宁号"和"勃列日涅夫号"原子破冰船去破冰开路。但是，破冰船要打开厚厚的冰层，前进的速度会是很慢很慢的，需要很长时间才能与被困船队会合。要是能找到薄冰带或冰缝就好了。

这使人们想起 1982 年在南极海面救渔船的事来。那年夏季，苏联的"米哈伊尔—沙莫夫"捕鳞虾船队在南极海面遇上大片浮冰，给船队的航行带来了极大的威胁，船只随时有与冰块相撞的危险。后来借助卫星拍摄的照片，找到了一条稳定的冰间水路，使"伏拉基沃斯托克号"破冰船迅速靠近船队，然后由它开路，使船队冲出了浮冰区。

这次也可以请卫星帮忙呀！正好这年 9 月 28 日苏联刚发射了一颗研究地球环境的卫星，它就是"宇宙 1500 号"卫星，是专门观测海洋的。卫星上有一部侧视雷达，它不论白天还是黑夜，也不管是晴天还是

下雨，都能拍摄到清晰的海面照片。

于是，"宇宙1500号"卫星专门拍摄了这个海域的照片，然后传送给地面救援人员，地面人员把这些照片拼接起来进行研究。因为冰山不是"铁板一块"的，它会有厚有薄，还会有裂缝。经过专家们的努力，找出了冰层的联结带和冰缝，为破冰船确定了一条合理的前进路线。

于是，"列宁号"和"勃列日涅夫号"两艘原子破冰船，沿着这条选定的路线破冰前进。由于那里的冰层较薄，或者本来就是冰缝，所以"列宁号"和"勃列日涅夫号"原子破冰船较快地就与被困的船队会合了。

多亏卫星照片帮助选择了这条最适宜的安全航线，不仅使50多艘被冰围困的船只安全脱险，而且使许多人得到过冬的燃料和日用品。

1983年10月24日，美国的"陆地卫星4号"地球资源卫星经过科隆海湾上空时，还拍下了苏联破冰船破冰抢险活动的照片哩！

38 一点也隐瞒不住

——偷水人怕"月亮"

偷水人怕"月亮"?! 是怕亮光大了不好隐蔽藏身？

不是。偷水人也怕白天的"月亮"。

那，那……

别着急，这"月亮"不是带着引号嘛！月亮是地球的天然卫星，这人造卫星不就是带引号的"月亮"吗？

啊，原来说的是偷水人怕人造卫星！这也叫人觉得奇怪！

不信？这里面有一段真实的故事。

在美国亚利桑那州，那里大部分土地贫瘠，雨量稀少，水资源特别缺乏。1980年，州立法机关通过一项用水法规，对地面水的使用实行严格的管理。但是，从实施以来，经常有人非法引水灌地种庄稼。为了制止有人偷水，管理人员平均每天罚款达10000美元。但是，由于地方太大，管理人员太少，怎么也管不过来，管得了这里，管不了那里。偷水的人越来越多。说句文绉绉的话，那真是顾此失彼，鞭长莫及哩！管理人员疲于奔命，也没有办法使大家都遵守用水法。罚来的款，远远不能补偿水的损失。如果大大增加管理人员的数量，那开支的数目也是很大的。

怎么办呢？亚利桑那州当局决定靠科学、靠先进的技术管理用水。从1984年11月开始，他们用人造卫星从太空来监视地面的用水情况，立即收到了很好地效果。

他们花钱每年在用水期分四次购买地球资源卫星拍摄的当地的遥感照片，还购买了卫星照片处理设备。由于干旱地面和引水灌溉后种了庄稼的地面反差很明显，很容易分辨出哪里是灌溉过的，哪里是没有灌溉过的。然后在灌溉过的地方把依法灌溉的地方找出来，剩下的就是非法偷水灌溉的地方了。所以，不管哪里偷水，管理人员不必出门，从卫星照片上就能准确地辨认出来。这样一来，管理人员不必疲于奔命，就彻底地堵塞了用水的漏洞，使水法得到很好地贯彻。

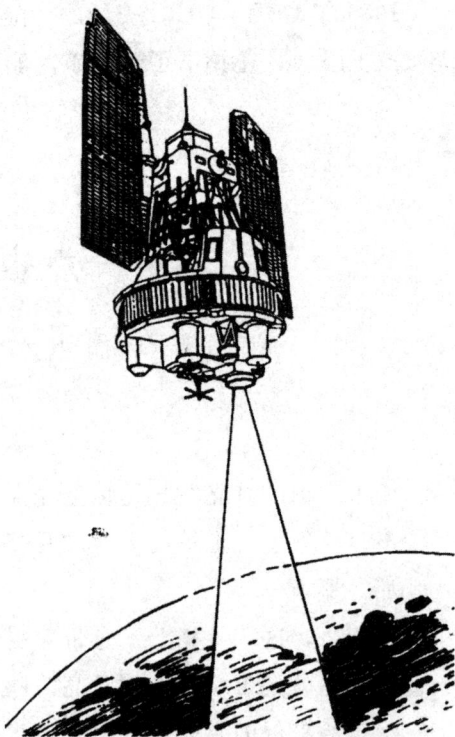

陆地卫星（美国）拍摄地球表面照片

从经济上来说，每次购买卫星遥感照片只需 10000 美元，每年 40000 美元。购买和安装卫星照片处理设备虽然花费了 30 万美元，但这些费用加起来远远低于过去水的损失和管理人员的开支。

每一批照片经过处理辨认后，州里便举行用水情况发布会，把全州内各地的非法用水户在现场一一公布，任何偷水人都逃不过去。偷偷用水的人，不但被罚了款，而且面子上也很不光彩呀，结果，人们就不敢偷偷用水了，他们害怕人造卫星的"揭发"。

一个小小的地球资源卫星，竟然把全州的偷水人都给治服了。你说，哪个偷水人能不怕这种"月亮"呀！

39　核动力卫星会带来灾难吗

——苏联卫星坠落风波

1978 年 1 月，苏联"宇宙 954 号"核动力卫星在太空解体坠落。这一事件引起全世界轰动，特别是惊动了卫星坠落地区的美国人和加拿大人。坠落前，世界各地纷纷进行追踪监视，有的国家还采取了应急措施，以防备卫星的核碎片散落地面危及人身安全。

这颗"宇宙 954 号"卫星，是 1977 年 9 月 18 日从拜科努尔航天中心发射升空的。卫星长 13.8 米，重 5 吨，外形像一支雪茄烟，是一颗海洋观测卫星。它由三部分组成：一个带有火箭发动机的核动力源，一个使卫星保持平稳的稳定台，一套成像雷达装置。它的任务是侦察世界各地的港口设施和海军舰队的活动。它的高灵敏度照相机可以拍摄千米之外像篮球那样大小的物体，用电子计算机控制的雷达能在零点几秒的瞬间对大片空间进行扫描。"宇宙 954 号"每天绕地球 16 圈，不分昼夜

地将观测到的海洋情况用密码数据传回地球。这颗卫星发射当天，美国观测站就跟踪到了这个目标。

苏联的这类卫星，一般在轨道上运行 1～2 个月后，便要由核发动机把卫星上升到 890～940 千米的高轨道运行。但"宇宙 954 号"卫星不再上升轨道，相反速度减慢，起初每圈慢 6 秒，后来慢 12 秒，如不及时设法挽救，不久就会坠入大气层。卫星进入大气层后，就会因空气阻力减慢速度而迅速坠落地面。

"宇宙 954 号"卫星坠落之所以引起地面人士的紧张，是因为它携带的是核动力燃料。人们不知道这颗卫星上的核动力装置是哪一种，如果是放射性同位素温差发电机，这种装置比较保险些；而如果是铀核反应堆，它在坠落时发生爆炸，带给人们的危险就很大了。所以人们特别关注"宇宙 954 号"卫星的命运。

1978 年 1 月 6 日，情况突然发生变化，"宇宙 954 号"卫星发生歪斜，原来它是平稳缓缓地下降，现在开始急速地往下坠落，显然是卫星上的控制系统失灵，卫星在轨道上打起滚来。

美国北美防空司令部的观测站首先预报，这颗卫星将于 1 月 23 日或 24 日坠落地面，比原来估计的时间提前两个多月。美国国家安全顾问指定的特别工作组急需弄清卫星上用的核燃料的性质。

情况紧急，1 月 12 日美国国家安全顾问紧急召见苏联驻美大使，直截了当地问："苏联有颗卫星好像出了毛病，是真的吗？如果卫星掉下来，对人类是否有威胁？具体地说，这颗卫星带不带核反应堆？"苏联驻美大使听后十分惊讶，答应问清情况后再作答复。过了两天，苏方给白宫简短答复称："是的，卫星用的是核燃料，它已在太空失去控制。"以后几天美国进一步弄明："宇宙 954 号"卫星用的正是人们担心的浓缩铀 235，不过不会发生爆炸，按设计会在重返大气层时烧毁，但当然不能百分之百地保险。

1 月 22 日，"宇宙 954 号"卫星离地面只有 160 千米了。卫星到底将坠落在什么地方？到 1 月 24 日早晨 3 时，是"宇宙 954 号"绕地球

飞行的最后一圈。4 时 40 分左右，夏威夷地面站观测到它以每分钟 80 千米的速度进入大气层。4 时 53 分在加拿大夏洛特皇后湾上空的大气层中烧毁，其放射性物质散播在空中，形成一片长达 400 千米的放射性云向东漂移，一大堆卫星碎片落到加拿大大奴湖东，延伸 800 千米。到 27 日，加拿大搜索到的卫星残骸共 75 千克，大小不等的放射性碎片约 3000 片。因为散布很广，碎片又小，核剂量非常微弱，最终没有造成损害，避免了一场核灾难。这一卫星坠落风波过了很长时间才平息下来。

40　高挂太空的明灯

——人造小月亮

天文学家早已告诉人们，每晚发出皎洁月光的月球，它本身是不发光的，我们看到的月光是月球表面反射出来的太阳光。天文学家还说，因为月球表面坑坑洼洼不平整，一部分太阳光散射掉了，否则月光还会亮许多。

科学既然解释了自然界的这一现象，人造卫星又已上了天（月球本身就是地球的卫星），根据月光的原理，设计一个人造小月亮挂在天上，应该是不困难的。

早在 20 世纪 80 年代初，美国国家航空航天局就酝酿发射"人造小月亮"的计划。按当时的设想，这个人造小月亮是一颗照明用的人造地球卫星，结构十分简单，不带复杂的仪器设备。它的外形呈板状，由 12 块直径为 300 米的圆形反射镜组成，反射镜用镍钴合金或不锈钢制成，总面积 0.85 平方千米，重 45 吨。它的表面光洁度很高，反射太阳

光的能力要比真月亮高出许多倍，但离地球很近，不到月球与地球距离的十分之一。因此，在地球上看来，它的亮度可以达到月亮满月时的10倍。

这个人造小月亮拟放到离地面 35860 千米高的赤道上空，自西向东顺着地球自转的方向旋转，与地球同步运行。这样，它就像一盏高挂太空不动的天灯，把太阳光反射到地面上，把一个直径为 360 千米的圆形区域照亮，通过对反射镜面的自动调整，还可使受照地区总是获得满月的亮光。但这个计划仍在襁褓之中。

现在俄罗斯却首先迈出了太空实验人造小月亮的第一步。

1993 年 2 月 4 日莫斯科时间 8 时 28 分，俄罗斯"和平号"空间站上进行

俄罗斯的"人造月亮"

"人造月亮"实验获得成功。它在太空将一面镀铝薄膜圆形反射镜像伞一样张开，并使它把阳光反射到地球背朝太阳的一面，照得地面部分地区如同白昼达 6 分钟之久。这一人造月亮美梦成真，是航天史上一项创举。

俄罗斯科学家设计的太空镜——它取名"旗帜号"，比美国计划的照明卫星要小而轻得多。它在设计思想上有新的突破，不是用金属薄板

而是用涂铝的塑料薄膜制成，薄膜比纸还薄，厚度仅 5 微米，因为薄膜上涂的是金属铝，所以具有很强的反光能力。它的直径 22 米，重量只有 4 千克，加上骨架也不过 40 千克，十分轻巧，所以施放也就简单得多。这一人造小月亮由"进步号"无人飞船载到驻有两名宇航员的"和平号"空间站上，宇航员就操纵着这面小月亮离开空间站缓缓降落，降到离空间站 150 米处，以每秒 570 米的速度旋转，在离心力的作用下，原来卷着的涂铝塑料薄膜徐徐展开，形成一个直径为 20 米的圆盘形太空镜。这个人造小月亮离地面 350 千米，迅速绕地球旋转，由它反射到地面的阳光，自南向北扫过一条宽约 4 千米的区域，其中包括里昂、日内瓦、伯尔尼、慕尼黑等城市，人们能看到的人造月光比满月亮 2～3 倍，不过随着这面太空镜的迅速移动，这轮人造月光很快就消逝不见了。在"和平号"空间站上的宇航员和欧洲部分地区的观测者目睹到了这一夜幕中的明灯照耀情景。

这次人造小月亮的太空实验取得圆满成功。这面名为"旗帜号"的太空镜完成反射太阳光的实验之后，飞行一两天后就落入大气层中自行烧毁了。俄罗斯下一步计划是在 2000 年把 100 多面太空镜发射到离地面 1500～5530 千米的空间轨道上，形成一个环绕地球的人造月亮群，在太空齐放光芒。

41　条条道路通月球

——"阿波罗"飞船选择哪一条

第一个攀登珠穆朗玛峰的人，第一个横穿北极和南极的人，都曾为选择道路费尽了周折。那么，人类选择登月的道路一定更加费尽心血。

确实如此！1961 年 5 月 25 日，美国总统肯尼迪批准载人登月的"阿波罗计划"以后，美国国家航空航天局的科学家和工程师们就仁者见仁，智者见智，提出了许许多多登月设想。经过归纳集中，形成了四个方案。

第一个是"直接登月"法。就是用火箭把一艘重约 68 吨的载人飞船直接送向月球。到达月球附近后，围绕月球飞行，然后再开动制动火箭，让飞船在月球表面降落。这是最简单的方法，但是需要约 6000 吨推力的巨大火箭。这比当时推力最大的火箭大 1 倍，需要很多年才能制造出来。还有，月球表面上能够承受得住那么重的飞船吗？高 24～30 米的飞船落向月球后不会翻倒吗？这显然不是理想的方法，人们叫它"暴力"法。

第二个是"地球轨道会合"法。就是用较小的火箭，把登月飞船分五次送到围绕地球飞行的轨道上，在那里对接起来，然后飞向月球。这虽然不需要大推力的火箭，但每次火箭发射时要求时间很精确，要不然几个部分可能相互找不到！同时，在月面上降落的问题也没有解决。

第三个是"轨道加油"法。就是用较小的火箭把燃料箱和飞船先后送到地球轨道上，在那里像飞机空中加油一样把燃料灌到飞船中，然后甩掉空燃料箱，飞向月球。这个方案实质上也是一种地球轨道会合法，而且在轨道上添加温度极低的液氧液氢燃料是一件既复杂又危险的事情。

第四个是"月球表面会合"法。就是将返回地球时使用的燃料和在月面上的供应品单独送到月球上，载人飞船到达后寻找供应品，返回时在月面上添加燃料。这个方案既解决了发射大火箭问题，又解决了在月面降落的困难问题，但是存在许多危险。举个例子来说，要是找不到燃料和供应品，或者燃料和供应品遭到损坏，登月宇航员不仅无法工作，而且无法返回地球了。

科学家和工程师们有的赞成这个方案，有的赞成那个方案，意见统一不起来。这时，有个叫约翰·霍伯特的工程师提出一种新的方案

设想。

霍伯特的方案是，让登月飞船和火箭的第三级一起进入围绕地球飞行的轨道，然后再启动第三级火箭，把飞船送向月球。飞近月球后，先绕月球飞行。这时，飞船的登月部分分离开来，载着两名宇航员在月面着陆，并进行探测；另一名宇航员驾驶飞船的另一部分继续绕月球飞行，在空中对月球进行探测。两名登月宇航员完成任务后，乘登月部分上升与飞船的另一部分会合、对接，一起飞回地球。

这个方案立即得到所有人的支持。这就是后来实际执行的"月球轨道会合"法。

条条道路通月球，可其中总有比较理想的。理想的道路需要在智慧中产生。

42 "游骑兵"九闯月宫

——为登上月球作准备

20世纪50年代后期，美国和苏联在航天方面展开激烈的竞争，实质上是一场太空军事竞赛。1957年8月，苏联首先发射成功洲际导弹；1957年10月4日首先发射成功世界上第一颗人造地球卫星；1959年9月12日首先把人造物体——"月球2号"送上了月球；1961年4月12日又首先把宇航员加加林送入太空并安全返回。美国在这几个方面的较量中被苏联"摔倒"以后，就想出奇制胜。1961年5月25日，美国总统肯尼迪决定要首先把人送上月球，这叫"把苏联人摔倒在月球上"。

但是，当时人们对月球还很不了解。月球上面到底是个什么样子？飞船能在月球上安全降落吗？要是能够降落，在什么地方降落最好？人

能在月面上站立和行走吗……这些问题必须事先弄清楚。为此，美国制定了三个月球探测计划，用火箭把无人探测器送到月球上去进行拍照勘探。其中第一个探测计划叫"游骑兵"。

也许是万事开头难吧，要让"游骑兵"飞行 40 多万千米，准确地到达月球，并安全着陆，进行拍照等勘测活动，是一件很不容易的事。"游骑兵"兄弟们的探测活动一次又一次地失败了。在正式发射"游骑兵"探测器以前，6 次试验性发射都失败了。

1961 年 8 月 23 日正式发射"游骑兵 1 号"。由于"宇宙神"运载火箭的上面级"阿金纳"没有发动起来，"游骑兵 1 号"没能离开地球轨道，成为绕地球飞行的"石头"。

1961 年 11 月 18 日发射"游骑兵 2 号"。结果由于同样的原因，"游骑兵 2 号"仍然只能留在地球轨道上，不能飞向月球。

1962 年 1 月 26 日发射"游骑兵 3 号"。"游骑兵 3 号"虽然离开了地球轨道，但由于装载它的"宇宙神"运载火箭的"瞄准"错误，使这个大头蜻蜓似的探测器偏离月球 37000 千米，飞到别处去了。

1962 年 4 月 23 日又发射"游骑兵 4 号"。这"游骑兵 4 号"的运气也不好，由于控制系统短路，不由自主地瞎撞到月球背面去了。那带地方是居住在地球上的人们永远看不到的，将来的载人飞船决不会在月球背面选择着陆点。

1962 年 10 月 18 日发射"游骑兵 5 号"。它开头还算顺利，似乎有成功的希望了，但在到达月球前，发动机提前熄火，这"游骑兵 5 号"也没能登上月球。

经过一年多的检查、改进和准备，于 1964 年 3 月 30 日发射了"游骑兵 6 号"。它一路顺利，准确地飞向月球，眼看就要成功了，可是在向月面降落时，它携带的摄像机失灵，结果"游骑兵 6 号"也没能拍摄到月面照片。

1964 年 7 月 28 日发射"游骑兵 7 号"。"游骑兵 7 号"终于成功了！共发回 4300 张月面照片。

1965 年 2 月 17 日和 3 月 24 日又成功地发射了"游骑兵 8 号"和"游骑兵 9 号",它们各自携带的 6 架摄像机,共拍摄了 12951 张月面照片。

虽然万事开头难,但不屈不挠的"游骑兵"还是取得了胜利。

"游骑兵"发回的月面照片,为后来阿波罗飞船登上月球,提供了不少可靠的资料。这正是:有志者事竟成!

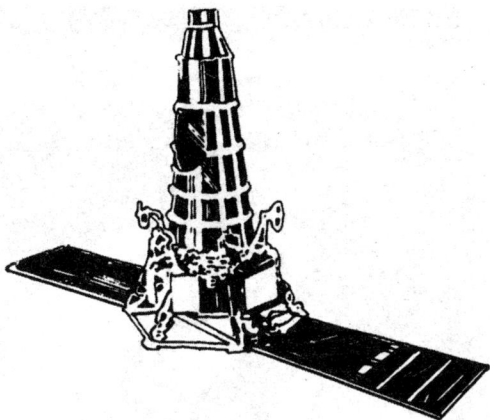

美国的"游骑兵"探测器

43 不能站着飞行吗

——登月舱窗口设计的争论

大家知道,阿波罗登月飞船由三部分组成,即登月舱、指挥舱和服务舱。服务舱是装发动机、燃料等设备和物资的。登月舱和指挥舱都可以载人。但从飞船发射到登月舱向月面下降以前的很长时间里,三名宇航员都在指挥舱中。只在登月舱向月面降落前,两名登月宇航员才进入登月舱。

飞船设计不像房子设计那样简单,也比汽车、火车和飞机设计考虑的问题更多。比如飞船的窗口放在什么位置,多宽多重,什么形状等等,都是有严格要求的。考虑不周到,会直接影响飞行任务的完成,甚至会影响宇航员的安全和生命。阿波罗飞船登月舱窗口的设计,就曾使

"阿波罗11号"飞船登月舱

设计师们大伤脑筋！

　　最初的设计是，在两名宇航员的座位前，各设两个窗口，较大的一个与宇航员的眼睛平齐，因为宇航员是坐着的，与宇航员的眼睛的距离较远，约有60厘米；较小的一个靠近宇航员的膝盖。这种设计很不理想。首先，4个窗口加在一起，总面积有11平方米，暴露的阳光太多，但又不能再缩小，因为那样会大大影响宇航员的视野。其次，这样的窗口，由于距宇航员的眼睛较远，视野非常有限，即使登月舱倾斜着下

降，宇航员也难以看到着陆点的情况；如果登月舱垂直下降，那就对月面的情况什么也看不见了；若是水平下降，自然可以使宇航员看清月面的情况，但登月舱就不是用三条腿着陆了。再次，窗口的重量太重，侵占了其他设备的重量。

在两年的时间内，设计师们绞尽脑汁，想设计出一个新方案，使窗口更小、更轻，宇航员又能清楚地看到下面的情况。

一天，登月舱的承包商格鲁曼公司的一个设计小组和宇航局的工程师们又在讨论登月舱的布置，争论相当激烈，但窗口问题仍然没有解决。大家为此非常苦恼。一名工程师抱怨宇航员座位太重，占的地方太大。接着，宇航局一位名叫乔治·富兰克林的工程师发牢骚说，登月舱与指挥舱、服务舱分离，向月面下降，这段时间大约只有 1 小时，甚至还会更短些，为什么非要搞个座位坐着?! 这么短时间的飞行就不能站着吗?

"站着!"对，站着。

这两个字为新设计方案打开了思路。当即，"站着"方案就诞生了。大家都非常满意。因为宇航员站着，眼睛可以贴着窗口往外看，视野大大地扩大了，窗口可以做得很小，重量也就减轻了。真是一通百通啊!

求学问，办事情，有时不能认死理，当变则变。认死理，山穷水尽无路走；退半步，海阔天空任飞翔。独自钻牛角尖就可能认死理，只有善于与别人交流思想，才有可能退下这"半步"来。我国有句俗话，叫做"三个臭皮匠，凑个诸葛亮"。在工作中如能发挥集体智慧，你一言，我一语，即使是天大的困难，常常会收到"踏破铁鞋无觅处，得来全不费功夫"的效果哩!

44 血的代价不能白白付出

——宇宙飞船的改进

　　现在的载人宇宙飞船，密封座舱中都使用与地面上成分大致相同的空气；座舱门虽然很保险可靠，但从里外都能迅速打开。你知道为什么会这样吗？这中间有一个悲惨的故事！

　　1967年1月27日，在美国肯尼迪航天中心的39A发射台上，90多米高的塔架环抱着近70米高的火箭，正在进行最后一次载人飞行的地面排练。除火箭没有加燃料、不能从发射台上起飞以外，一切都按实际的发射和飞行过程在认真地进行着。

　　巨大的"土星1-B"火箭的顶端是"阿波罗4A号"飞船，飞船的密封座舱门紧关着，上了封，中间充满了供宇航员呼吸用的纯氧。3名宇航员系着安全带躺在密封座舱中的座椅上，空军中校爱德华·怀特在中间，他曾进行过美国的第一次太空行走；左边是弗吉尔·格里索姆，他也是空军中校，曾两次进入太空；右边是海军少校罗杰·查非。他们是被选中执行"阿波罗"飞船第一次载人飞行的幸运者。

　　由于火箭没有加燃料，人们以为不会出什么危险，所以在现场没有安排医生和消防等救急人员。

　　"……10分钟准备——5分钟准备……"突然，倒计时可怕地中断了，飞船的密封座舱中燃起熊熊大火，浓烟滚滚。挣脱安全带的宇航员从里面无法迅速打开舱门，外面的人也无法迅速打开舱门，当人们尽力从座舱外面把舱门打开后，3名宇航员已被活活烧死！

　　飞船的密封座舱中为什么用纯氧？座舱门为什么不能迅速打开呢？

"阿波罗4A号"飞船上的3名宇航员被烧死

这当然是有它的道理的。人一刻也离不开空气，主要是吸取空气中的氧。太空中没有空气，为了维持人的正常生活，在密封座舱中直接携带氧气，当然是最简便的事。但是氧气助燃，容易引起火灾。这次惨祸仅仅是由一条电线短路产生的星星火花造成的。再说密封座舱的舱门，既要密封性能好，不泄漏空气，又要牢靠，决不能自动打开。开动的汽车，如果不关紧车门，就会发生把人摔出去的危险，所以汽车司机总是车门不关紧不开车。而宇宙飞船如果在太空中舱门自动打开，那可要危险得多啦！1971年6月30日苏联的"联盟11号"飞船在完成飞行任务后返回地面时，由于密封舱门提前打开几分钟，空气泄漏，3名宇航员全因缺氧窒息而死。这种飞船的舱门打开后，不到一分钟，空气可以全部跑光，而人工关紧它却要两分钟！

这说明事物总是在发展中才能逐步完善的。"阿波罗4A号"事故以后，所有载人宇宙飞船的密封座舱都不再用纯氧，舱门也设计得既牢

靠又能迅速地打开了。"联盟 11 号"事故后，气闸门也设计得能立即关上了。这真是血的代价呀！

路是人走出来的，但在开路人面前会有许多困难和险阻，有时甚至要付出血的代价。不过，既然是开路人，他们总是准备随时作出牺牲的。

既然付出了代价，人们就要及时总结经验教训，防止事故再次发生，不能让血的代价成为白白的牺牲。

45　人类跨出的一大步

——月球上的第一只脚印

1961 年 4 月 20 日，美国总统肯尼迪在一份备忘录中发出命令："给我一个将会产生戏剧性效果的空间计划。"苏联抢先载人上天之后，美国急于挽回失败的颓势。按照总统的指令，美国副总统兼太空委员会主席约翰逊去征询著名火箭专家冯·布劳恩的意见，布劳恩回答说："我们在太空载人试验方面失去了打败苏联的机会，可是在首次载人登月方面，我们有极好的机会击败苏联。"5 月 25 日，美国总统充满信心地宣布："我相信美国应该在 10 年内实现一个目标——载人登月并使其安全返回地球。"

这就是美国 20 世纪 60 年代提出的"阿波罗登月计划"。美国国家航空航天局动员 2 万多家企业、200 多所大学和 80 多个科研机构的 42 万多人参加这项举世瞩目的庞大工程。经过 8 年的艰苦努力，1969 年 7 月 16 日成功发射了"阿波罗 11 号"载人登月飞船，实现了这一宏伟目标。

"阿波罗登月计划"分为"土星 5 号"运载火箭和"阿波罗"载人飞船两大部分，由国家航空航天局精心组织研制成功。这是著名火箭专家冯·布劳恩的一大贡献。

"土星 5 号"是一种三级液体火箭，全长 110.6 米，相当于一座 36 层大楼那么高，直径 10 米，起飞质量达到 2840 吨。它是美国最大的运载火箭，能把 100 吨重的卫星送上地球轨道，或把 50 吨重的飞船送上月球。"阿波罗"飞船由指令舱、服务舱和登月舱三部分组成，每次载 3 名宇航员。"阿波罗"登月飞行采用月球轨道会合方案，即先将"阿波罗"飞船送入月球轨道，然后施放载两名宇航员的登月舱到月球，轨道上留下载一名宇航员的指令舱，接应登月的两名宇航员返回。

为了实现登月计划，美国实际上已经作了不少准备。先发射了 10 艘"阿波罗"飞船作试验性和考察性飞行，其中"阿波罗 1 号"至"阿波罗 6 号"进行了不载人的轨道飞行试验，"阿波罗 7 号"至"阿波罗 9 号"完成了 3 次载人模拟登月飞行，"阿波罗 10 号"进行了载人登月预演。

1969 年 7 月 16 日，决定作登月飞行的"阿波罗 11 号"飞船载着阿姆斯特朗、奥尔德林、科林斯 3 名宇航员，由"土星 5 号"火箭运载着，从卡纳维拉尔角航天中心出发，经过 75 个小时的长途跋涉，首先到达月球轨道。然后由科林斯驾驶着指令舱绕月球轨道飞行，阿姆斯特朗和奥尔德林驾驶登月舱，于 7 月 21 日在月面静海的一角降落，阿姆斯特朗第一个走出登月舱，踏上人类向往已久的月球，随后奥尔德林也在月面上留下自己的足迹。他们心情激动，喜不自禁，阿姆斯特朗在月球上对全球亿万通过电视和广播注视这一历史性时刻的人们意味深长地说："对一个人来说，这只是一小步。可对人类来说，这却是巨大的飞跃。"

第一次登上月球的阿姆斯特朗和奥尔德林在月面进行科学考察，并插上一块金属纪念牌，上面镌刻着一行大字："公元 1969 年 7 月，来自行星地球上的人首次登上月球。我们是全人类的代表，我们为和平而

"阿波罗 11 号"飞船登上月球

来。"7 月 22 日，他们完成在月面的考察任务，进入登月舱，离开月球回到月球轨道上的指令舱，同科林斯会合，然后踏上返回地球的旅途。24 日，"阿波罗 11 号"飞船载着 3 名宇航员在太平洋上溅落，胜利地回到地球的怀抱，完成了人类历史上一次永垂史册的航天飞行。

46　为了人类的健康

——登月宇航员被严格隔离

阿姆斯特朗、奥尔德林和科林斯登上月球的盛况，给人们留下了深

刻的印象。不知当时热心的电视观众们是否注意到，当他们三人完成登月任务返回地球时，尼克松总统亲自到太平洋上的"大黄蜂号"航空母舰上迎接他们。但是，这三位宇航员从海水中被打捞上来后，立即给穿上了隔离衣，还由蛙人向他们喷洒了消毒剂，然后用直升飞机吊到航空母舰的甲板上，并立即让他们进入活动隔离拖车中，在那里迅速地对他们进行了一次检查，最后才隔着车窗玻璃与总统见面。尽管水兵们热情地欢迎他们，他们也只能在窗户里面与欢呼的水兵打招呼。隔离拖车在夏威夷待了三天，然后用飞机运到休斯敦。阿姆斯特朗等三人立即被送到检疫所里接受检查。他们在那里的隔离室中又待了 18 天。这比出发前的隔离更严格。

其实，在出发前，这三位准备登上月球的宇航员，已经被小心翼翼地作了最周到的安排，在人类所有的探险活动中，恐怕只有"阿波罗11 号"飞船的登月飞行准备，被考虑得最为周详。

这里只说对保证宇航员健康的慎重安排。

为了能够顺利完成人类的首次登月活动，阿姆斯特朗、奥尔德林和科林斯进行了长时间的训练，在最后两个月中，他们单是在飞船模拟器中就练习了 400 多个小时。但是，遵照医生的嘱咐，在最后半个月，训练慢下来了，并把他们放在半隔离状态中，只有健康的最亲近的家属才能和他们接触。因为查尔斯·贝利医生担心他们会疲劳和生病，而最轻微的病症都会妨碍飞行，所以如果他们有任何患病的迹象，决不准许启程。就这样，他们像被禁闭一样度过了两个星期。发射前 5 天，对他们进行了 5 个小时的体格检查后，医生才宣布他们的身体状况适合飞行。

在出发前两天的晚上，阿姆斯特朗、奥尔德林和科林斯作最后一次公开露面。出于健康方面的考虑，这次露面在闭路电视上举行，时间为30 分钟。为了保证他们的健康，3000 名记者中只挑选了 4 名记者向他们提问。3 名宇航员单独在一座房屋的房间内，而 4 名记者却在 24 千米以外的另一座房子里。

发射前一天的晚上，本来已安排好尼克松总统与他们共进晚餐，但

贝利医生向白宫建议说，从医学角度考虑，总统也不能接近他们。因此，宴会被取消了。

本来，生物学家认为，在没有空气的月球上，不会有什么病菌或病毒，但早在制定"阿波罗登月计划"的初期，美国国家科学院就认为对从月球返回的宇航员和他们带回的月球物质，实行严格的隔离是个好主意。加之在登月飞行前夕，美国出版了一本畅销书《比拉流星群菌种》。这是一本描写把一种异样的病菌菌种从太空带到地球上来的小说，它把从太空带回污染的可能性说得活灵活现。这促使美国国家航空航天局专门为带回的月球物质建造了一座带真空房间的实验室，为登月飞行的宇航员和他们的医生、技术人员和厨师建造了封闭的宿舍。

美国对阿姆斯特朗三人采取这样严格的隔离措施，虽然似乎有些过分谨慎，但月球是一个未知的世界，不但为了保证这三位宇航员的健康，而且为了保证地球人类的健康，严密而谨慎的措施是真正的科学态度。

登月返回的宇航员被严格隔离

47 死里逃生的战斗

——"阿波罗13号"平安返回地球

1970年4月11日，继1969年"阿波罗11号"飞船成功登月之后，美国又派出"阿波罗13号"飞船载着宇航员洛弗尔、海斯和施韦卡特三位宇航员再次飞向月球。到13日晚的头56小时，飞行非常顺利，现在已离地球33万千米，快要接近月球了。

正在人们憧憬这次飞向月球将能有些什么新收获的时候，忽然听得"砰"的一声巨响，飞船出现剧烈的震动，怎么回事？出什么问题了？

三位宇航员立即进行检查，发现原来是服务舱的一个贮氧箱爆炸了；另一个贮氧箱也被炸裂了，箱里装的氧气正在"咝咝"地往外泄漏。这下可麻烦了，因为他们携带的氧气，不仅是呼吸必需的气体，还是燃料电池的原料，利用氧与氢的化合产生的电力，作为飞船的动力；而化合后产生的水，又是宇航员的饮用水。

与此同时，他们还发现，3个燃料电池中的两个已经失灵，不再进行化合反应。这样一来，宣告飞船丧失了大部分电力、水和呼吸的氧。而且由于漏气，飞船的航行也出现了不稳定。

怎么办？登月的目的显然是达不到了，唯一要做的事就是设法让宇航员平安返回地球。

休斯敦飞行控制中心和肯尼迪发射指挥中心立即在地面上进行模拟实验，选择逃生方案。12小时后，决定作出来了，并用无线电发给飞船上的宇航员。

逃生计划的第一步：继续往前飞！

奇怪，不立即返回，还往远处飞?！这是因为考虑到飞船离月球已经太近，如果立即返航，就要为克服月球的引力而使用服务舱的主发动机，这样要消耗大量燃料，而且发动机的震动可能进一步损坏飞船；让飞船绕过月球，再启动登月舱的小发动机，反而可以借助月球对飞船的引力，使飞船只用较小的动力就可向地球返航。这样，既可以更安全，又可以节省燃料。

"阿波罗 13 号"飞船返航

然而，摆在三位宇航员面前的还有许多亟待解决的问题。飞船的服务舱已经损坏，显然是不能保留的了。他们只能依靠那小小的登月舱回到地球，但在将服务舱甩掉以前，必须先将服务舱里剩余的氧气尽量转移到登月舱里去。再有，指挥舱也是不能再依靠了，但指挥舱里还有一些电力，先要充分加以利用。

更令人担忧的是，由于爆炸后飘浮的破碎物质和漏气泡沫包围着飞船，宇航员无法看到可借以起导航作用的天体。休斯敦飞行控制中心告诉他们，最简便而又可靠的方法是，调整飞船的姿态，使飞船的一个窗口始终对准太阳，利用太阳来确定航向。

15 日上午 9 时 40 分，宇航员终于将上述问题一一解决，飞船绕过月球，进入返回地球的航程。这返航的过程，也是一场电、水、氧等消耗品与时间的竞赛。电力已经很少，只能集中用在动力上。舱里的电热器没有电，温度降到 3.3 摄氏度。这么冷的环境，不仅使宇航员冻得无法入睡，而且更担心冻坏舱里的仪器设备。宇航员就操纵飞船缓慢旋

转，让太阳均匀地给它加热。没有电，空气净化系统也已停止工作，舱内二氧化碳气体的浓度增加到危险的程度。氧气和水也越来越少。宇航员有点悲观失望了，他们怀疑自己能不能坚持到返回地球。疲劳、寒冷和失望使他们很容易发怒，而这样又往往造成操作失误。地面人员不时提醒他们服用兴奋剂，以驱散疲劳、寒冷和失望，与发怒作斗争。

地球上的情况又怎样呢？大家都关心着"阿波罗13号"飞船和三位宇航员的命运，人们在办公室、住宅、商店、酒吧和车站等地，长时间地注视着电视屏幕，倾听着"阿波罗13号"飞船的消息。教皇保罗二世在梵帝冈，许多人在耶路撒冷的哭墙，在全世界的许多宗教场所，为遇险的宇航员祈祷，希望他们平安归来。除美国外，还有苏联等13个国家提供飞机和船只等待参加救援工作。

4月17日，"阿波罗13号"终于克服重重困难，胜利地返回地球，溅落在太平洋上。美国总统尼克松特地赶到檀香山，欢迎三位宇航员死里逃生归来。他还指定4月19日为全美国的祈祷日，感谢上帝的仁慈，拯救了三位宇航员。

当然，真正拯救宇航员的是他们自己的沉着、勇敢和互相配合，是人类的智慧和技术。

48 不是最后的登月探险

——塞尔南的月球之行

1994年10月22日，美国宇航员尤金·塞尔南应上海电视节组委会的邀请，到中国上海参加"我们的太空时代"大型展览活动。塞尔南是美国老资格宇航员，曾三次上太空，并在月球上留下自己的足迹。他

十分兴奋地对记者说："当我在太空飞行时，鸟瞰了美丽而独特的中国，今天第一次踏上这片国土，盼望着与大家共享太空飞行所看到的情景。"

塞尔南 1934 年 3 月 14 日生于芝加哥市。他毕业于珀杜大学，后在海军航空母舰上当飞行员。1963 年被选为美国国家航空航天局的宇航员。他一生经历了三次太空飞行。

1966 年 7 月 1 日，塞尔南随指令长斯坦福德乘"双子星座 9 号"飞船参加第一次太空飞行，成为第二位在太空行走的美国人，在舱外的宇宙空间活动 129 分。这次飞行历时 3 天零 21 分。

1969 年 5 月 18 日，塞尔南又随指令长斯坦福德、宇航员约翰·杨一起，乘"阿波罗 10 号"飞船进入太空，进行载人登月前的最后一次月球探险。他们进入月球轨道，绕月球飞行 31 圈，历时 61 小时 36 分，模拟了登月试验，用电视向地球转播了指令舱和登月舱的演练活动。这次太空飞行历时 8 天零 3 分。

1972 年 12 月 7 日，塞尔南担任"阿波罗 17 号"飞船指令长，与宇航员伊万斯、施米特一起，参加美国最后一次登月飞行。9 日，他和施米特乘登月舱在月球着陆，驾驶月球车行驶 35 千米，探测了重力波、陨石碰撞月球的频率等，收集月球土壤标本 113 千克，建立了核动力科学站，在月面共停留 74 小时 59 分。12 月 19 日离开月球返回地球。

塞尔南描绘他登上月球时的感受时说："那是一个难以用语言形容的神奇而美妙的时刻，从月球遥望地球，她是一颗被衬托在黑色巨幕上的蓝色星球，你可以在几小时内先后看到北美洲、南美洲及亚洲等，亲身感觉到地球的转动，那种如梦似幻的感受，令人对宇宙的秘密产生强烈的探索欲望。"

有人问塞尔南："在月球上能否看见中国的长城？"

塞尔南笑答："在没有云雾遮挡的太空可以看到长城，它是古老中国独一无二的标志；但在月球上则只能看到中国的板块，因为在浩瀚的宇宙中，地球的五大洲四大洋都是渺小的，当然更无法看清长城的面貌。"

在月球上的宇航员和月球车

在谈到自身经历的航天飞行时，塞尔南说："比起太空飞行的零重力，我更喜欢月球上六分之一的重力。我在月球上作了很大努力，尽管没有发现任何生命存在的迹象，但我相信地球以外一定还有其他生物存在。人类不仅成功地探索了月球，而且还将去探索火星生命之谜。"

从那以后，美国和俄罗斯都没有再派人去登上月球，因此塞尔南1972年的月球之旅，曾被看做是最后一次的登月飞行。

但是当时间进入到1998年时，情况又出现了戏剧性的变化，因为从美国发射的"月球探测者号"发回的信息表明，月球的两极存在有冰状的水，既然有水，事情就好办了。植物、动物和人，都可以在那里生存。月球上存在着丰富的自然资源可以开发利用；月球只有地球的1/6的重力，也是极好的条件。因此，先进的国家正在琢磨着再上月球，开发月球。

49 派往宇宙的第一对特使

——"先驱者号"宇宙探测器

1972 年 3 月 3 日和 1973 年 4 月 6 日，美国前后相隔一年发射了"先驱者 10 号"和"先驱者 11 号"两个宇宙探测器。它们是人类派往宇宙空间寻觅地球外文明的第一对特使。

这对探测器体态矮粗，呈不规则的六面体，身高 2.4 米，最大直径 2.7 米，重 258 千克。探测器上装有 12 台科学仪器，由两台放射性同位素发电机提供电能，可持续工作到 20 世纪末。它在完成探测太阳系的外行星木星、土星、天王星、海王星等之后，将带着始终指向地球的 2.5 米直径的天线漂向太阳系外运行。

1972 年 7 月，"先驱者 10 号"就开始了穿过小行星带的危险航程。这个小行星带宽约 1.75 千米，带中布满大小不等的流星和微粒群，万一撞上其中一粒，就会出现难以估计的后果。"先驱者 10 号"依靠地面控制中心的严密而巧妙的指挥，顺利地越过了这条小行星带而未受损害。

1973 年 12 月，"先驱者 10 号"飞经木星附近，拍摄了木星及其卫星 300 多张照片，首次绘制了木星密集辐射带的图形，并测出木星 4 颗卫星的质量，确定了木星磁场位置，显示出木星上的大红斑旋风。

1976 年，"先驱者 10 号"掠过土星，1979 年飞过天王星，1983 年 6 月横越海王星，1986 年穿过冥王星轨道，然后进入太阳系和银河系之间的广阔地带，于是，"先驱者 10 号"成为第一个飞出太阳系的人造宇宙探测器。

美国"先驱者号"探测器

20多年过去了，"先驱者10号"已经飞离地球100亿千米，探测器上仍有7台仪器运转良好，功率仅8瓦的小型发射机还继续向地球发回信号，提供有关太阳风、紫外线、宇宙粒子在宇宙空间分布情况等方面的资料。1997年3月，这个探测器完成它探索未知空间的使命。

至于"先驱者11号"探测器，则向着一条与"先驱者10号"不同的路线飞越太阳系。1974年12月飞过木星，距木星最近距离4万千米。1979年9月在距土星可见云顶2.1万千米处掠过，行程32亿多千米，在这里探测到土星的第6个光环，同时探测到土星的卫星"土卫六"具有大气，大气层厚达2700千米，促使人类开始考虑"土卫六"上是否存在生命。1987年，"先驱者11号"紧跟"先驱者10号"飞出太阳系，成为第二个飞离太阳系的人造物体。

最令人关注的是它们负有一项重大使命，就是携带有一封地球人类给地外"宇宙人"的问候信。这封信是刻在经过特殊处理的铝板上的，

经太空传送几亿甚至几十亿年都不会变质或变形。这封信好似递给宇宙的一张名片，名片上刻有一男一女两个地球人的图案，男人作举手致意状；用14个脉冲星和地球的相对位置说明地球与太阳的位置，描绘了太阳系九大行星以及与宇宙飞船相比较的地球人的图形；上方还有两个相联的圆圈，表示的是地球上第一号元素氢的分子结构以及"先驱者号"探测器的飞行轨迹等。

人们期待"宇宙人"收到这封非同寻常的信件。

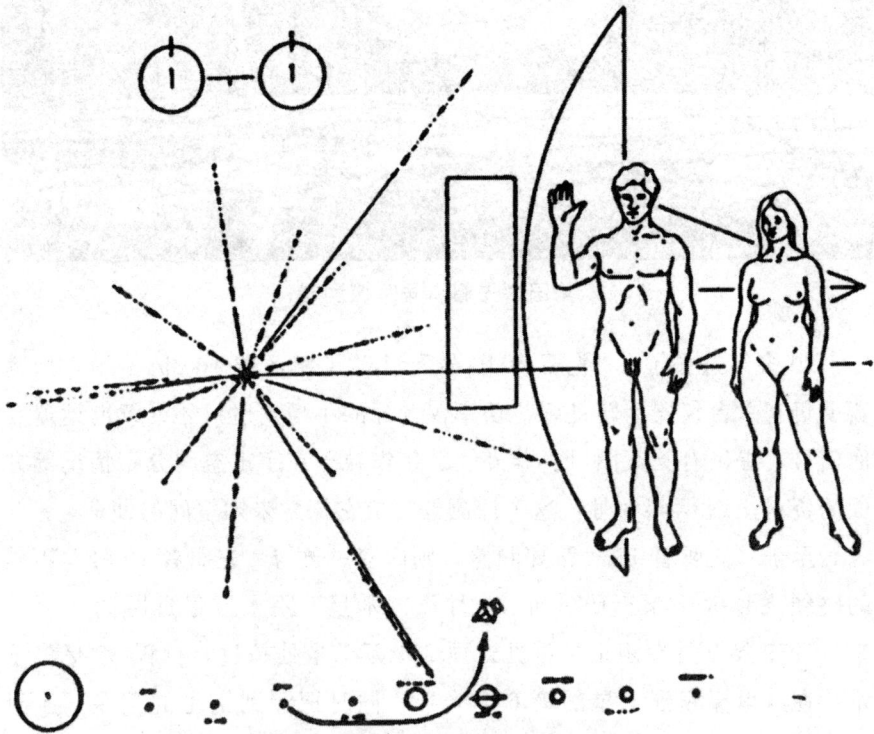

"先驱者号"带往宇宙的地球"名片"

50　揭示土星的最新面貌

——宇宙探测器三访土星

在太阳系中，土星因其美丽出奇的光环和拥有最大的卫星而为人们注目。它是人类用肉眼能看到的最远的一颗行星。美国曾发射宇宙探测器三访土星，揭示了土星的最新面貌。

第一次探访是在 1979 年 8～9 月，"先驱者 11 号"探测器从离土星 9 万多千米处观测土星，这次共发回 440 张土星照片。它观测到原有 5 条光环中的 3 条，另外还发现了 2 条新的光环，被命名为 F 光环和 G

土星光环

光环。"先驱者11号"在飞过土星光环平面时，发现了土星的一颗新卫星"土卫十一"，这颗卫星由冰组成，直径为100～300千米，在距离土星表面9.6万千米的轨道上运行，科学家把这颗卫星称为"先驱者的岩石"。"先驱者11号"还探测到土星也有磁场。

第二次探访是在1980年11月13日，"旅行者1号"探测器到达离土星的最近点，从15亿千米之外第二次给地球传回土星的近影。

"旅行者1号"发现土星表面斑点晕圈明暗交替，彩色条纹随风飘移。原来土星的环结构比我们以前所知道的复杂得多，不是7条光环，而是在环的平面里分布着成百上千条环，像唱片的纹路似的，密密麻麻，以不同速度围绕土星旋转。最令人奇怪的是，有些环像蛇一样缠绕在一起，却又各走各的路。

土星的最大卫星是"土卫六"，是太阳系内唯一有大气的卫星。它的表面温度经理论计算，也适宜孕育生命，因此科学家们希望从"土卫六"找到有生命的物质。"旅行者1号"几乎贴近"土卫六"身旁穿过，距离只有4000千米，但探测结果令人失望，"土卫六"的温度低达零下201摄氏度，在这样低温度的环境里，不可能指望寻觅到有生命的物质。"旅行者1号"还发现"土卫六"的直径是4828千米，而不是过去所知的5800千米，这样它就比木星的卫星"木卫三"要小，从而让出了太阳系卫层之王的宝座。"旅行者1号"的功绩，还在于它新发现了三颗土星的卫星，它们是"土卫十三"、"土卫十四"、"土卫十五"。

第三次探访是1981年8月25日，"旅行者2号"探测器在距土星10万千米处飞过，向地球发回18000多张土星照片。

"旅行者2号"发回的照片和科学探测资料证实，土星上的大气极为复杂，土星表面寒冷多风。土星上确有闪电，忽隐忽现，穿过土星的光环。同时，"旅行者2号"对土星环又有进一步的发现，在F环内有14个独特的小环，F环有发亮物质构成的团块，可能是一些小卫星造成的奇特结构。土星光环不是一环套一环，而是像旋转的螺旋形，使人眼花缭乱，奇特而复杂，成为宇宙中的一大奇观。

这次飞行，"旅行者2号"还发现了土星的第17颗卫星，同时观测到土星其他卫星的一些奇异现象。"土卫二"有遭受陨石撞击的崎岖地形；"土卫三"上有一个巨大的陨石坑和一个巨大的峡谷；"土卫四"和"土卫五"上有粉末状的漂流物；"土卫六"上空部分地区有带蓝色的烟雾，它的大气上空没有电离层；"土卫七"呈土豆状，主要由冰组成；"土卫八"是一颗黑白两部分反差鲜明的天体。

仅仅是关于揭开土星的秘密，就值得航天技术去作更多探索。

51　索杰纳机器人探访火星

——"火星探路者号"探测器

火星在我国古代叫做"荧惑"，是太阳系九大行星之一。这个红色星球上是否存在生命，使人类产生过无数美好的遐想。尽管1975年美国两艘"海盗号"飞船飞抵火星考察发回的探测数据，使许多关于火星生命的设想破灭，但人们对火星的兴趣仍然不减。最近20多年来，科学家发现的许多迹象表明，火星上很可能存在原始生命，因而重新燃起了人类移居火星的希望之火。

1996年12月4日，美国发射一艘"火星探路者"飞船。这艘飞船上携带一个机器人，是一辆名叫索杰纳的火星车。经过七个多月5.56亿千米的太空旅程，1997年7月6日"火星探路者"在火星的阿瑞斯谷地着陆。它在着陆时，打开的气舱在放完气后没有完全收好，挡住了索杰纳机器人通过的舷梯。后来通过地面遥控将飞船展开的船壁抬起，用一种绞车将气仓吊起，让索杰纳机器人登上火星表面，然后开始它的火星考察。

索杰纳是第一位踏上火星的机器人。它长 66 厘米，宽 48 厘米，高约 30.5 厘米，重约 11 千克，有 6 个轮子，顶部装有一个 0.25 平方米的三面花瓣式太阳能电池板。索杰纳携带有阿尔法质子分光仪和 3 台前视、后视照相机，使用高能锂电池，保证它在 7 天内完成科学勘探任务。索杰纳机器人传回地球的第一批图像，可以清晰地看见它驶离坡道时在多尘的火星土壤上留下的脚印。索杰纳由计算机操纵在火星表面行驶，步伐像是婴儿学步，速度极慢，每秒只能移动 1 厘米。当天 30 厘米的移动距离，地面操作人员引导花了整整一个晚上制定行动方案和反复演练指令。根据这些指令，这个 6 轮机器人转身 90 度，然后朝一块岩石走去，这块岩石后来命名为"巴纳摩·比尔"。这辆火星车的地面

索杰纳机器人

驾驶员库柏戴着由电池驱动的三维眼镜，在计算机显示屏上研究"火星探路者"飞船发回的火星地貌图像和数据取得两项成果：一是发现索杰纳对这块岩石进行 10 小时的分析，表明其主要成分由类似于地球上常见的石英、长石和正辉石组成，其中石英约占三分之一。索杰纳携带的仪器不能直接测出石英，但它测出了大量硅元素。这项分析结果还证实，在地球上已发现的 12 块火星陨石确实来自火星，在其中一块陨石中含有有机分子和铁矿物，而这些化学物质是微生物形成的化石微粒。二是从发回的照片上清楚地看到因受强大的洪流冲击而堆积起来的鹅卵石和岩石上留下的水痕，证实火星上在 10 亿～30 亿年前曾发生过特大水灾，洪水流量达每秒 100 万立方米，淹没面积相当于一个地中海。这两项发现具有重大意义，因为如果火星上曾经有过液态水，就意味着这个红色的星球上曾经繁衍过生命。索杰纳拍回的照片，展现出火星阿瑞斯谷地以及广阔的红色大地边缘横亘着绵延不绝的群山和高原，形成一幅壮丽无比的图画。

索杰纳在火星上的第 5 天，在对第二块命名为"约吉"的岩石进行探测时，由于行进速度太快，撞到了这块比它大 4 倍的岩石上。这个碰撞使索杰纳停了下来，但对它没有损伤，可说是有惊无险。后来，索杰纳拍下了"约吉"岩石的照片，通过观测和研究，这块岩石为单一岩石，为火山爆发所形成。到 7 月 16 日，索杰纳机器人在火星上的探险计划基本完成，但索杰纳继续留在了火星上，去进一步探寻火星之谜。

52 76年一次的机会

——哈雷彗星探测

彗星出现在天空中的时候，常拖着一条长长的明亮的尾巴。在我国，曾经把天空中出现的这种星象称为"扫帚星"，认为它是一种不吉祥的预兆，会带来兵灾或天灾。在国外，也有类似的传说。

然而，1682年，当彗星又一次出现在天空的时候，英国的天文学家哈雷对这颗星进行了观测，又根据它运行的轨道，结合过去人们对它出现次数的记载，推算出它也是太阳系中绕太阳运行的一颗星，而且它运行的轨道是一个非常大的椭圆形，每隔76年才能回归到最靠近地球的位置，也就是说，地球上的人们将每隔76年可看到这颗彗星在天空中出现。于是人们将这颗彗星命名为哈雷彗星。哈雷的预言是科学的，在他去世以后，这颗彗星果然在1682年以后每隔76年回归地球一次。

天文学家根据观测和计算，知道哈雷彗星将于1986年2月再次回归地球，这次回归是20世纪最后一次回归，而且距离地球那么近，正是探测彗星的一次好机会。

世界上航天技术发达的国家和组织，如苏联、美国、日本、欧洲空间局，都在积极准备发射探测器去探测这颗76年回归地球一次的哈雷彗星。

其中苏联于1984年12月15日和21日，从拜科努尔航天中心相继发射"韦加1号"和"韦加2号"两个自动行星际站，作为人类派往探测哈雷彗星的两位使者。

"韦加1号"和"韦加2号"是两个姊妹宇宙探测器，它们的结构

"韦加号"哈雷彗星探测器

和用途完全一样，将在金星着陆并飞向哈雷彗星探测。探测器上有一具碟状天线、一个仪器平台，平台上装有分光计、色谱仪和照相机等，探测太阳风的仪器安装在一长杆的前端。4块太阳能电池板为探测器提供能源。整个探测器由三轴陀螺仪保持稳定，并可使探测器指向任何方向。它们的主要任务是探测彗星气体的成分及其外流速度，拍摄彗核的红外和光谱照片，从而获得彗核的温度、尘埃质点和气体分子的性质等数据。

1986年3月4日，"韦加1号"在离地球17100万千米、离哈雷彗星1400万千米处开始对哈雷彗星进行首次考察。它借助安装在跟踪平台上的电视系统，通过各种滤色镜，在一个半小时内完成对哈雷彗星的拍照，拍到数十张高质量的哈雷彗星照片。电视信号从太空仪器传到地球共需9分30秒。3月5日在接近哈雷彗星700万千米处进行了一次科学测量，3月6日在距哈雷彗星只有8900千米的地方进行了拍摄和综合考察。

1986年3月9日，"韦加2号"探测器在距哈雷彗星彗核8200千米

处飞过，发回 700 多张哈雷彗星的电视照片，还向地面传回有关彗核的物理化学特性、彗核周围气体和尘埃等方面的资料，发现许多新的情况。

哈雷彗星究竟是怎样的星体呢？这两个探测器的考察表明，哈雷彗星的彗核形状像一个不规则的物体，其体积约为 $14 \times 7.5 \times 7.5$ 立方千米。彗核处于不停的旋转中，每自转一周约需 53 小时。彗核主要由冰块构成，在冰块的外面包裹着一层约 1 厘米厚的多孔状高熔点物质。红外线测出彗核表面温度在 30～130 摄氏度之间。在 1 厘米厚的高熔点物质之下，温度大约为零下 80 至 90 摄氏度。彗核表面凹凸起伏，与月球表面极为相似。

哈雷彗星的表面，每秒向外挥发约 40 吨水蒸气，而在望核内部也发现有二氧化碳和水。这证明二氧化碳和水是最初形成哈雷彗星的基本物质。

此外，"韦加 1 号"和"韦加 2 号"探测器的观测发现，哈雷彗星内部每秒向外喷发 5～10 吨尘埃，这些尘埃的成分主要分为三种：第一种主要是碳、氧、钠、铁、镁、钙等；第二种除上述元素外，还有碳同位素；第三种主要是由不同比例的水和二氧化碳构成的极微小的冰凌。彗核接近太阳时，其中的冰蒸发为水蒸气，与尘埃一起形成彗发，在太阳光的照射下，它就是地球上的人们在天空中看到的彗星明亮的尾巴。

53　揭开金星的面纱

——"麦哲伦号"探测器

在太阳系的九大行星中，金星是靠地球最近的一颗行星，它就是清

晨我们在东方最早看到的最明亮的那颗星,人们叫它启明星;也是傍晚在西方看到的那颗最明亮的长庚星。这两颗星其实就是一颗星——金星。

虽说金星距离地球最近,但是人们却长期不了解它,因为它终年被一层浓厚的大气和云雾所覆盖,在地球上用望远镜几乎看不清它的面貌。

人造卫星上天以后,人们想到可以派探测器飞到靠近金星的附近作较细致的观察。这项工作从1961年就开始了,苏联发射了第一个金星探测器"金星1号";1962年美国紧跟着发射了10个"水手号"金星探测器,又于1978年先后发射了两个"先锋号"金星探测器。各自都有一些收获。

对金星进行最近的一次探测的是美国于1989年5月5日发射的"麦哲伦号"探测器。这台探测器是由"亚特兰蒂斯号"航天飞机带上太空,进入地球轨道6小时后,由宇航员马克·李和玛丽·克利夫操纵机械臂施放出舱的。不久,"麦哲伦号"上10米长的太阳能电池板顺利展开,一小时后航天飞机机动飞行到安全距离处,"麦哲伦号"上的一枚固体燃料火箭把它推离地球轨道,踏上飞往金星的旅途。

虽说金星离地球最近,但"麦哲伦号"探测器也经过了462天的太空航行,才于1990年8月10日飞近金星,进入距金星表面最远点8500千米、最近点310千米的椭圆形轨道飞行,每3小时15分绕金星一圈,然后成功地利用摄像雷达透过厚厚的云层,拍摄了金星表面99%面积的照片。从发回的照片上人们看到,金星上存在着震动断层、火山锥和由火山熔岩构成的平地。9月15日,"麦哲伦号"探测器考察获得更为详尽的金星地图。地图上显示出异常巨大的熔岩流、数以千计的裂缝和火山口,以及火山剧烈活动的特征。这是人类获得的第一幅完整的金星地图。

1991年7月23日,"麦哲伦号"探测器发回它拍摄到的雷达图像,人们发现金星曾发生大滑坡现象,滑坡长7.5千米、宽2.9千米,表明

金星上仍存在地质活动。另外还从图像上发现一条 6700 千米长的沟道，这是目前在太阳系星球中发现的最长的地质断层。

"麦哲伦号"上有两台发射机，1992 年 1 月有一台坏了，另一台受热干扰，影响向地球发回金星图像的能力，到 7 月 15 日，地面控制中心关闭了这台发射机。关闭的目的是为确保当"麦哲伦号"于 9 月飞过金星南半球时仍能继续工作，因为那片区域尚未完成绘图工作。9 月 14 日，"麦哲伦

"麦哲伦号"探测器

号"降低轨道，距金星最近点缩短到 274 千米，开始作为期 8 个月的引力探测，精确测量金星引力在不同区域的变化，以便获得金星内部结构的情况。

1993 年 5 月 25 日～8 月 3 日，"麦哲伦号"又不得不改变飞行轨道，对金星引力进行最详细的探测。在此期间，"麦哲伦号"进入接近金星的内环轨道，其最远点为 535 千米，最近点为 180 千米，绕金星一圈时间为 1 小时 35 分。这时用摄像雷达拍摄了更清晰的金星图像。

1994 年 10 月 12 日，由于"麦哲伦号"探测器上太阳能电池输出电压过低，无线电装置已无法维持工作状态，在发回最后一次信号后，与地面失去无线电通信联系而失踪。

自从"麦哲伦号"抵达金星附近，它在那里工作了 4 年 2 个月零 2 天，共绕金星飞行了 15018 圈，运用能够透视金星云层的先进雷达对其 99％的地貌全景进行了测绘，发回的数据在数量上超过此前其他探测器发回数据的总和。

"麦哲伦号"探测器飞行近 5 年后失踪，科学家们感到十分惋惜，尽管它对探测金星已经取得重大成果。

54 拜访那颗最大的行星

——"伽利略号"探测木星

木星是太阳系九大行星中最大的行星，它的直径达 14.28 万千米，体积相当于 1316 个地球那么大，质量是地球的 318 倍。在地球上用望远镜观测木星，它总是放射着金色的光芒。它的表面有许多连绵不断而明亮的条纹，特别引人注目的是表面有一块非常耀眼的大红斑。

人类最先派往木星探测的是一对探测器——美国的"先驱者 10 号"和"先驱者 11 号"。"先驱者 10 号"于 1972 年 3 月 2 日启程，经过 1 年又 9 个月的航行，于 1973 年 12 月 3 日才与木星相会，在距离木星 13 万千米的地方拍下了木星的第一张照片。"先驱者 11 号"则于 1973 年 4 月 6 日启程，经过 1 年又 8 个月的时间到达木星附近，这次它拍摄了 300 多张木星的彩色照片。

第二对去考察木星的探测器是美国的"旅行者 1 号"和"旅行者 2 号"。"旅行者 2 号"于 1977 年 8 月 20 日先出发，"旅行者 1 号"则在半个月后的 9 月 5 日动身。它俩先后在 1979 年的 7 月 9 日和 1979 年的 3 月 5 日到达木星附近探测。

最近一次对木星进行探测的，则是美国的"伽利略号"探测器。它于 1989 年 10 月 18 日随美国"亚特兰蒂斯号"航天飞机升空飞行。航天飞机在飞行 6 小时后，将"伽利略号"无人飞船释放入太空，于是"伽利略号"独自踏上飞往木星 39 亿千米的旅程，执行对太阳系中这颗

最大行星及其卫星进行两年就近探测的任务。

"伽利略号"宇宙飞船重 2.7 吨，探测器本身只重 340 千克。从发射到抵达木星需时 6 年。它的具体任务是，在抵达木星 5 个月之前投出探测器，探测器在木星巨大重力作用下加速到每秒 50 千米的速度冲进木星赤道附近的大气层，此时打开探测器的减速降落伞，开始探测木

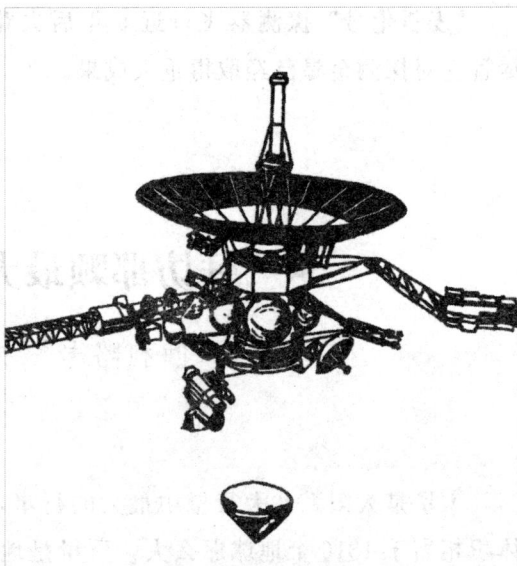

"伽利略号"探测器

星大气的温度、压力和成分，并观测木星大气层中能量的聚散情况。同时，"伽利略号"的轨道器对轨道进行微调，以接近"木卫一"，利用其引力接近木星，为探测器发送的资料信号起中继作用。随后，轨道器将依次接近"木卫二"、"木卫三"、"木卫四"，进行各种科学观测活动，在两年中将拍摄的木星及其卫星的照片陆续发回地球。这些照片比以前"旅行者号"探测器拍摄的照片要清晰 50 倍以上。通过"伽利略号"的探测，将了解木星内部物质的分布情况，从而描绘出一幅全新的说明木星形成的图画。

1991 年 10 月 29 日，"伽利略号"首次飞越一颗小行星。这颗小行星叫加斯帕拉，呈马铃薯状，长约 18 千米，宽约 11 千米，高约 10 千米，距太阳 3.3 亿千米。"伽利略号"拍摄到加斯帕拉小行星的第一张照片，从照片上面发现有两个较大的陨石坑，直径分别达到 8.5 千米和 5.3 千米，表明它是一些大行星发生一系列灾难性相撞后的幸存者。

1992 年 12 月 8 日，"伽利略号"又折回距地球最近的南大西洋上空约 300 千米处。它以每小时 5 万千米的最高相对速度再次飞经地球

时，拍摄了安第斯山脉、夏威夷、澳大利亚、南极洲和印度尼西亚等地的照片。前一天晚7时，当它在地球与月球之间掠过时，把两者拍摄到一张照片上，这是地球与月球的第二次合影。它拍摄月球北部地区的照片表明，呈粉红色的地区是高地，而蓝色和橘黄色则表示是凝固的熔岩流，其中间杂着来自陨星的岩石碎块。

1994年7月22日，"伽利略号"到达距木星1亿多千米的地方，观测到"苏梅克-列维9号"彗星的碎片与木星相撞的壮观景象，发回了第一张能直接表现彗星与木星相撞的图像。7月16～22日，21块彗星碎片落人木星大气层，"伽利略号"捕捉到了最后一块彗星碎片撞击木星的情景。

1995年8月，"伽利略号"在飞往木星的途中，在距木星大约6275万千米处，碰到密集的星际尘暴，撞击到飞船表面的尘埃粒子最多时一天达到2万颗，这种尘暴可能是木星的卫星"木卫一"上火山爆发的副产品或是木星周围两条暗淡光环中的物质。

经过6年累计37亿千米的飞行之后，1996年12月"伽利略号"飞船进入围绕木星飞行的轨道，开始有史以来对太阳系内行星的首次实地探测活动，不断传回有关木星及其卫星的数据。

55　飞向太阳

——"尤利西斯号"探测器

1990年10月6日，美国"发现号"航天飞机在太空施放一个太阳探测器。这个以希腊神话中的探险英雄尤利西斯命名的宇宙飞船，重385千克，携有12千克的钚核反应堆，以提供工作时所需的能量。它

的使命是飞往太阳两极上空实地考察太阳的真实面貌。

人们是多么想多了解一点带给地球光和热的太阳。在此之前的近30年里，许多国家相继发射了一些太阳探测器，但大都是在远离太阳的地球轨道上监视太阳紫外线、X射线和γ射线，研究太阳大气、辐射、结构和活动区的物理现象，从来没有也不可能去俯视或仰视过太阳的南极和北极，无法观测到太阳的通体全貌，这是因为，太阳的温度太高了，高到地球上的任何物质都无法与它接近。

然而这次派往太阳附近考察的"尤利西斯号"探测器，具有它自己的优点。首先是采取了一条比较有利的航行轨道；又因为"尤利西斯号"还具有飞行速度最快，采用放射性同位素热电发生器供电，天线在整个5年的飞行期间始终指向地球，保持了传输系统通畅等特点，使它得以比以前的探测器完成更进一步的探测。

"尤利西斯号"无人飞船从航天飞机上被发射出去，进入太空的飞

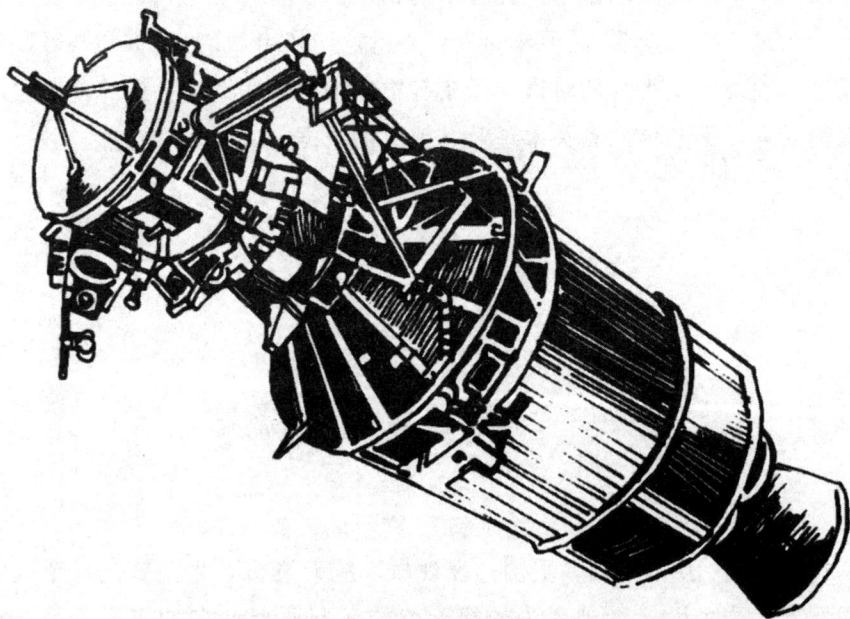

"尤利西利号"探测器

行方向不是直接朝向太阳，而是正好相反，绕向外太阳系飞行。按照轨道设计，它于 1992 年 2 月飞临木星，离木星最近时的距离只有 38 万千米。然后，借助木星的强大引力加速飞行，并改变轨道的倾角，沿着黄道面近于垂直的轨道，变化运行的方向飞离木星，折向太阳系内围，奔赴太阳。

1994 年 6 月 26 日，"尤利西斯号"飞抵太阳南极地区，正式开始科学考察，发回一批探测数据。地球上的科学家从这些数据中发现，太阳风由炽热的带电粒子气体构成，在刮向地球时经常造成磁暴，并导致通信和供电中断。在南极上空的风速高于太阳的其他地区，可达到每小时 320 万千米。太阳的磁场强度呈均匀分布，并不像地球上南北两极以及简单的磁场结构，因而与科学家从地球角度对太阳进行观测得到的结果截然不同。此时，"尤利西斯号"相对于太阳表面的飞行速度约为每小时 11.7 万千米，每天跨越的纬度大约为 0.8 度。由太阳磁场、宇宙辐射、太阳风以及电磁波综合作用形成的特有现象表明，人类面对的太阳是一个比预料中更加复杂的天体。

"尤利西斯号"飞船绕太阳飞行的轨道呈椭圆形，离太阳最远点 8 亿千米，最近点 1.93 亿千米。当它从太阳南极上空横跨太阳赤道飞向太阳北极上空时，太阳也相当于 27 个地球日的周期不断自转，这样"尤利西斯号"就能将太阳表面一览无余，全方位地探测太阳。

1995 年 3 月 12 日，"尤利西斯号"到达距太阳的最近处——距太阳赤道不足 2 亿千米。7 月 31 日飞越太阳北纬 80.2 度上空，并从该角度对太阳进行探测，测量了极区磁场的强度和方向，测定了极区太阳风的速度、密度和极区日冕的温度，还探测了荷电粒子和宇宙线等，获得丰硕成果。9 月 29 日，"尤利西斯号"完成对太阳北极附近地区的探测后，即飞离绕太阳运行的轨道。

"尤利西斯号"是迄今首次飞经太阳南北两极上空的探测器。它的考察结果使人类更多地了解太阳风，更好地预测太阳活动的变化及其对地球气候的影响。

56 太空第二只千里眼

——伽马射线探测器

如果说 1990 年美国"发现号"航天飞机送入太空的哈勃望远镜是第一只太空千里眼，那么 1991 年 4 月 5 日由美国航天飞机"亚特兰蒂斯号"带上太空的伽马射线探测器就是第二只太空千里眼。哈勃望远镜探测的是可见光和紫外线，能看到 140 亿光年远的地方，也就是说能"看到"宇宙的历史；而伽马射线探测器探测的是电磁波中能量最高的伽马射线，主要使命是揭示宇宙的未来。

1991 年 4 月 5 日，发射升空后的"亚特兰蒂斯号"航天飞机，将伽马射线探测器施放到预定轨道。这个太空探测器长 9 米，直径 4.5 米，重达 15.6 吨，载有定向闪烁质谱仪、康普顿成像望远镜、伽马射线望远镜及爆炸瞬时源观测装置等四种仪器。

4 月 7 日 22 时 38 分，"亚特兰蒂斯号"航天飞机上的 4 男 1 女 5 名宇航员利用 15 米长的机械臂，把世界上最灵敏的伽马射线探测器送上太空轨道，但在这个探测器施放前，它的主天线未能自动打开，采取补救措施也未能奏效，然后只好由宇航员艾普特和罗斯出舱进行太空行走，紧急修理天线，排除了故障。这次修理天线的太空行走用了近 4 小时。伽马射线探测器施放成功后，它将在距地面 490 千米的轨道上工作两年。在此期间，探测器上的主天线和两个备用天线不断向地面发回探测结果。必要时，探测器上的 4 台主发动机和 4 台微调发动机还可调整其位置，并能在适当时候推动探测器保持正常的位置，这样探测器工作时间还可延长至 6 年。

伽马射线是宇宙中重大事件的忠实记录者。宇宙中超新星的诞生，黑洞的形成，大质量天体的活动，都会发射出大量的伽马射线，尽管其中有一部分在到达地面前被大气吸收掉了，但仍能反映出宇宙中的各种现象。伽马射线探测器就是利用伽马射线对宇宙中的星系、类星体、黑洞和其他天体进行探测。目前，天文学家实际观测到的宇宙总质量远小于理论上计算出的宇宙总质量，这些"消失"了的物质被称为"暗物质"，而这些暗物质主要由黑洞组成。黑洞的引力巨大，甚至光线都难以逃脱它的吸引，但周围的物质被它吸引时会发射出大量的高能伽马射线，这些伽马射线就是黑洞存在的证据。因此利用伽马射线探测器能揭开黑洞之谜，研究宇宙演变的进程。

57 "太空朋友，你好！"

——"旅行者号"探寻地外文明

如果宇宙中真有外星人，那么在未来的某一年，他们就有可能从"旅行者2号"和"旅行者1号"孪生探测器携带的"地球之音"唱片上听到中国的普通话问候语："太空朋友们，你们好！我们都想认识你们。"

"旅行者2号"和"旅行者1号"飞船是1977年8月20日和9月5日，先后从佛罗里达州的卡纳维拉尔角肯尼迪航天中心发射升空的。它们由6.5万个零件组成，自重825千克，主舱是一个环状四面棱柱体，带有一具直径3.65米的抛物面天线，还装有摄像机、紫外分光仪、红外分光仪等观测仪器。它升空后利用太阳系各星球的引力，以抛物线遨游70亿千米，于1979年7月9日飞越木星，1981年8月25日飞越土

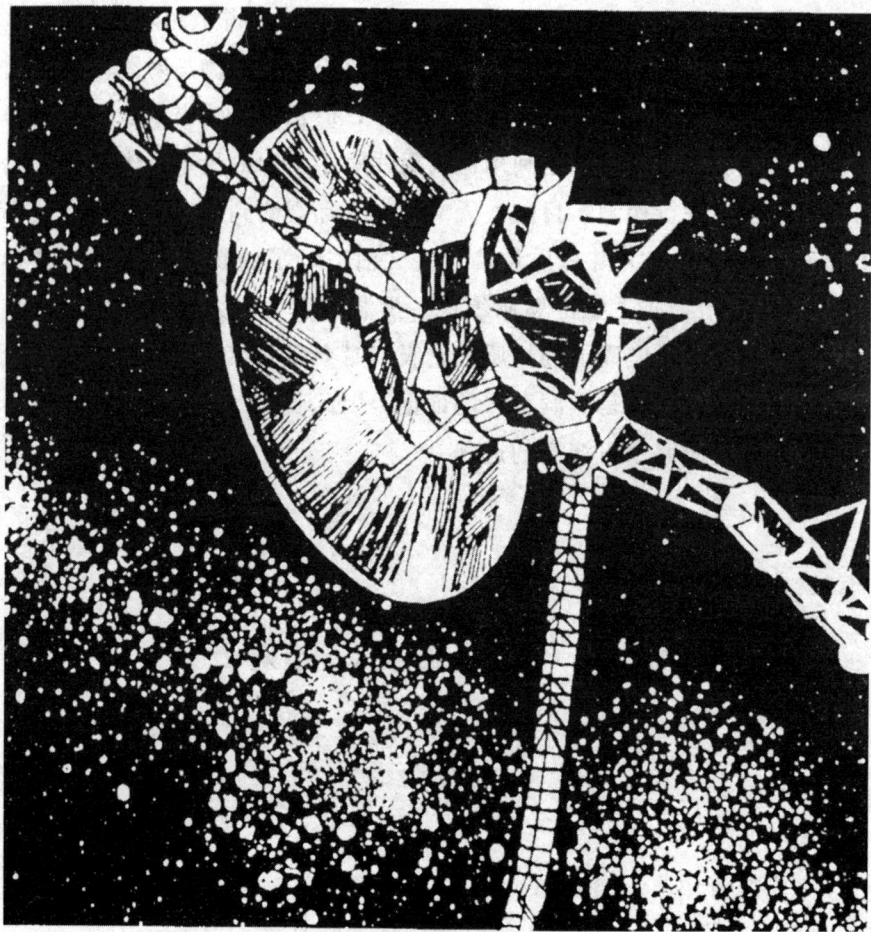

美国"旅行者2号"探测器

星，1986年1月24日飞越天王星，1989年8月24日飞越离地球约44亿千米的海王星，然后飞出太阳系去寻觅外星人。从这艘永不返回地球的飞船上，不断传回探测各个行星的宝贵资料。

从"旅行者2号"发回的令人眼花缭乱的资料中，科学家发现太阳系外侧5颗行星都有光环，其中天王星至少有10条，木星有很窄的1条，土星有无数条，海王星有5条，这是第一次发现海王星有光环。而太阳系内侧的4颗行星，则没有光环。此外，还新发现海王星的6颗卫

星，使它的卫星总数增加到 8 颗，而且海王星的一天不是原来估计的 17 或 18 小时，而是近 16 小时。

"旅行者 2 号"把这些新信息传回地球的速度为每秒 1630 万千米，需 4 小时 6 分才能到达地球。

"旅行者号"在太空中飞行的最重要的目的，不是对太阳系的这 4 大行星的探测，而是"旅行者 2 号"飞出太阳系去寻觅外星人。这艘飞船上带有一套"地球之音"唱片，作为人类送给外星人的第一份礼物，寄托着人类对探寻地外文明的希望。这套用图像编码录制的唱片由镀金铜板制成，包括四部分：第一部分是 116 幅图片，包括了地球上科学发展现状、各国风土人情、人类智慧和劳动的最新成就、太阳系概况及其在银河系的位置，介绍了地球和大气层成分、染色体和人体图解、联合国大厦、美国旧金山金门桥。其中还有两幅关于中国的图片：一幅是万里长城，一幅是中国人家宴的场景。第二部分是用世界上 60 种语言说的问候语，几乎包括了世界上的主要语言，其中有中国普通话、粤语和闽南语，闽南语的内容是："太空朋友，吃了吗？请有空来坐坐。"最后还有联合国秘书长的贺词和美国总统的电文。第三部分是用声音介绍地球上的各种自然现象及发展历史，包括刮风下雨、电闪雷鸣、海浪冲击、火山爆发以及各种昆虫、飞禽走兽的叫声。第四部分是音乐节目，包括了地球上不同时代、不同地区、不同民族的音乐，其中有贝多芬、巴赫的名曲，还有中国的京剧曲谱和古典名曲《流水》。

这套"地球之音"唱片能播放两小时，放在一个密闭的铝制容器中，在宇宙真空环境里不会发生丝毫变质和老化，能保存 10 亿年。

这艘寻找地外文明的宇宙飞船已在太阳系遨游 20 年，现在它已经离开了太阳系，进入到深邃的宇宙飞行。人们都在期望，有朝一日能探访到外星人的踪迹。

58　来往于太空的交通工具

——航天飞机开通新航线

1969 年 7 月，美国用"土星 5 号"多级火箭成功地将"阿波罗号"飞船送到月球，并且有两名宇航员的足迹踏上了月球的表面。在取得这一震惊世界的成功之后，科学家们也在反思：从月球那儿返回的只是"阿波罗号"飞船，而运载飞船的"土星 5 号"多级火箭，则在它们的燃料用完以后，都一一被抛弃在太空中了，这样的航天器耗费实在太大了。

于是美国开始寻找一种成本低廉，可以在天地之间往返飞行的，可以重复使用的航天工具来继续航天活动。这就是研制航天飞机的动机。可以想象得出，当这个计划刚提出来的时候，连许多行家都是一片哗然，认为科技一时难以达到这种要求。然而，经过 10 年的艰辛研制，一种叫做航天飞机的新航天器诞生了。

航天飞机兼有航天的功能和飞机的特点。简单地说，它不是靠喷气发动机推进，因为这样只能在大气层内飞行。所以航天飞机装的是火箭发动机，它能像火箭一样垂直发射，像人造卫星一样在太空飞行。然而它与火箭不同的是，它装置的两枚固体火箭助推器在完成发射任务后就与航天飞机分离，带着降落伞溅落在大洋上，可供人们打捞起来回收重复使用 20 次。

航天飞机的主体是轨道器。它在完成航天任务后，可以通过反推控制系统控制返回地球时下降的速度，同时打开降落伞，使轨道器可以像飞机那样安全滑翔着陆。同时，轨道器的舱壁是用性能最佳的防热瓦铺

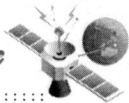

垫保护着，免得在降落时由于与空气发生剧烈的摩擦而产生高温，影响或伤害轨道器里的乘员和各种设备。轨道器着陆后，经过检修，还可以回收使用约 100 次。

经过 10 年时间的努力，第一架航天飞机终于试制成功，可以正式起飞了，它叫"哥伦比亚号"。

1981 年 4 月 12 日，在美国佛罗里达州的卡纳维拉尔角肯尼迪航天中心，成千上万的人云集在发射场周围，观看第一架航天飞机"哥伦比亚号"首航的壮观景象。全世界都在注视这次首开太空航线的划时代飞行。

第一次乘坐航天飞机飞行的是指令长约翰·杨和驾驶员罗伯特·克里平。约翰·杨是曾经 4 次驾驶"双子星座"飞船和"阿波罗号"飞船驰骋太空的宇航员，而且还在月球上留下过自己的足迹；克里平则是首次参加航天飞行。

"哥伦比亚号"航天飞机全长 56 米，高约 23 米，相当于 7 层楼房的高度，起飞质量达 2000 吨。它由三部分组成：轨道器、助推火箭和推进剂外挂贮箱。轨道器即航天飞机本体，可以载人和有效载荷，自重 68 吨。前段是乘员舱，最多可容纳 10 人；中段是有效载荷舱，装有在太空施放的人造卫星、各种科学仪器，还安有一架在太空装卸货物的遥控机械臂；后段装有 3 台液体燃料主发动机，两台机动发动机和反推控制系统等。助推火箭为两个固体燃料火箭，每个长 45 米，直径约 4 米，重 586 吨，推力达到 1315 吨。推进剂外挂贮箱用铝合金制成，长 47 米，直径约 8 米，前后两个，为轨道器的主发动机提供液氢、液氧燃料。这三部分连结成一个整体，竖在发射台上，很像一只巨大的蝴蝶。它集火箭、宇宙飞船和飞机的技术于一身，像火箭一样垂直发射，犹如宇宙飞船一样进入轨道飞行，仿效飞机一样滑翔着陆，是一种可重复使用的往返于天地的运输工具。

发射当天一大早，发射场附近人山人海，热闹非凡。上午 7 时，"哥伦比亚号"喷出长长的橘黄色火焰和灰白色烟雾，从发射台上凌空

升起。2 分 20 秒后，已升到 50 千米的高空，从参观人群的视野中消失。这时两台固体助推火箭燃料耗尽而脱落，降落伞打开掉入大西洋海面上，由海上舰只打捞上来，还可以重复使用。航天飞机飞到 112 千米高度时，休斯敦控制中心告诉机上两位宇航员，他们有充分的能量可以安全进入轨道，即使有一台主发动机出现毛病，也没有问题。这给约翰·杨和克里平以信心和鼓舞。8 分 30 秒后，3 台主发动机熄火，推进剂外挂贮箱脱离轨道器，落入大气层烧毁，碎片掉入印度洋。10 分 30 秒后，宇航员启动机动发动机加速航天飞机进入轨道。44 分钟后，"哥伦比亚号"顺利进入离地面 277 千米的圆形轨道，开始两天多的环绕地球的航行。

当"哥伦比亚号"绕地球飞行两圈后，宇航员开始实验工作。克里平拍摄了座舱工作区和在控制台工作的彩色照片。约翰·杨打开 3 吨重的有效载荷舱门，启闭灵活，发现机尾和其他非关键部位共有 20 来块防热瓦脱落，无伤大局。第一天晚上，他们安静地睡了 7 个多小时。第二天检查机上各种设备，准备返航。约翰·杨向地面报告说："航天飞机运行良好，比预料的还好。"

航天飞机起飞

4 月 14 日下午，"哥伦比亚号"按原计划返航。当航天飞机下降到离地面 12 千米时，约翰·杨用手操纵它飞行，最后平稳地滑行到加利福尼亚州爱德华兹空军基地 8 千米长的跑道上。与发射时的热闹场面一

样，几万参观者聚集在酷热干燥的沙漠上目睹航天飞机从太空归来。约翰·杨激动地说："我相信，人类与星球之间来往的日子不会遥远了。"

59　令人遗憾的搁置

——苏联航天飞机首航

美国的"哥伦比亚号"航天飞机于 1981 年实现了首次成功飞行以后，苏联也抓紧了自己的航天飞机的研制。

1988 年 11 月 15 日，苏联首架航天飞机"暴风雪号"在推迟半个月后，按预定时间 6 时发射成功。它由"能源号"巨型运载火箭送上太空，机上没有宇航员。在轨道上运行两圈后，于 9 时 25 分在距离发射地 12 千米的混凝土跑道上安全着陆，在太空停留不到 3 个半小时，但这却是一次具有开拓意义的飞行。

"暴风雪号"竖立在拜科努尔航天中心的发射架上，像一只黑翅大白鸟。它长 30 米，高 16 米，最大直径 5.6 米。机身贴有 38000 块防热瓦，可耐 2000 摄氏度高温；尾部是垂直稳定翼，呈箭形后掠式三角翼，宽 24 米；表面积达 250 平方米。"暴风雪号"发射重量达 100 吨，载荷舱设 10 个座位，有人驾驶时规定机组人员 2～4 人。

苏联的"暴风雪号"航天飞机与美国航天飞机相似，所不同的是：

第一，"暴风雪号"的主发动机不是装在航天飞机上，而是安装在"能源号"运载火箭第二级上，这样就大大减轻了航天飞机的入轨重量。航天飞机进入轨道后，第二级火箭自动脱落坠入海洋，回收后还可重复使用。

第二，"能源号"火箭的第一级使用液体燃料，在任何一个主发动

苏联"暴风雪号"航天飞机

机失灵的情况下，航天飞机仍可继续飞行；而美国的航天飞机的助推火箭使用的是固体燃料发动机，则不能做到这一点。

第三，"暴风雪号"采用自动着陆系统，依靠地面控制中心遥控机上的电脑系统，首次实现无人驾驶飞行；而美国航天飞机虽有类似系统，但迄今均为有人驾驶，在半自动条件下返航。

"暴风雪号"首航的目的，是对无人驾驶的航天飞机进入轨道、飞行和自动返回地面时的各个系统以及航天飞机的结构进行综合性试验，并进一步演练运载火箭和地面的飞行控制设施。首航成功后，总设计师谢苗诺夫在阐述这一目的时说，苏联发射航天飞机的主要任务，是将极为贵重而又需要飞行专家、机械手或机器人为之服务的设施送入太空，其中包括设置在空间轨道上的大型天线系统、太阳能空间发电站、大型射电望远镜以及星际空间站的其他设备等。例如，正在研究向火星发射的载人星际航天器，就准备利用航天飞机将其部件带到空间轨道组装后再飞往火星考察。今后在航天飞机上将在宇宙空间组织各种材料和医用

生物药剂的生产，并负责把产品运回地球。它作为空间科学实验室，对某些重要设备的工作性能进行深入地研究，把在太空失效的卫星带回地面维修，或把带有核动力装置而无用的卫星收回，以防止宇宙空间受到核辐射污染。

由此可见，苏联研制航天飞机时，是有一套规模很大的科学规划的。但遗憾的是，从"暴风雪号"首航至今已10年，苏联航天飞机就再也没有上天飞行。

60　卫星不再在太空流浪
——航天飞机第一次回收、维修卫星

1980年2月，美国发射了一颗太阳峰年观测卫星，任务是对太阳的活动进行观测。不料它在太空中运行不到一年就宣告失灵，从此在轨道上长期漫游，不能发挥观测作用。

如果让太阳峰年观测卫星从此流浪在太空中，岂不是很大的浪费！是不是可以利用航天飞机把这颗卫星抓回来，进行一番检修，让它恢复正常工作，再放到太空中去，重新对太阳进行观测呢？

1984年4月6～12日，美国航天飞机"挑战者号"的太空飞行任务就是去回收并设法维修这颗卫星。这可是人造卫星上天以后的第一次。

4月8日，"挑战者号"航天飞机已经接近了这颗太阳峰年观测卫星，并且开始在太空中捕捉这颗卫星了，可惜前两次均未成功。

第一次，由纳尔逊背上喷气背包，飞出航天飞机，在距离地面480千米的太空中行走，追赶卫星。他在航天飞机与卫星之间飞行了60米，

但未能拴住卫星伸出的一只脚管，又用一件特制的对接装置试图钩住卫星，也未能将卫星抓住。于是纳尔逊用戴上手套的手抓住了卫星的一块太阳能帆板，但这时他的喷气背包发动机所用的氮气已消耗殆尽，不得不放弃继续抓捕卫星的活动，奉命返回航天飞机。

接受第一次捕捉卫星失败的经验，进行第二次捕捉卫星时，指令长克里平让航天飞机更靠近卫星些，把航天飞机与这颗卫星的距离控制在15米之内，派另外一位宇航员使用15米长的机械臂去抓住这颗卫星，谁知卫星虽然旋转缓慢，但结果也失败了。

到了4月10日，航天飞机上的宇航员们作最后一次努力，尝试着回收这颗卫星。在此之前，地面控制中心进行了很好地配合，他们用无线电信号减慢卫星的旋转速度，使它从约6分钟转动一次减慢到12分钟转动一次，同时通过遥控使卫星运行到较好的位置。于是，指令长克里平和驾驶员斯科比根据燃料储备情况，谨慎地启动机上火箭发动机，开始向100千米以外的失灵卫星靠拢，在绕地球3圈后，小心翼翼地靠近正在缓慢旋转的卫星。在航天飞机距离卫星不到15米时，宇航员哈特操纵航天飞机上的机械臂，把机械臂顶端的一个帽套，套进以同样速度飞行的6米长的卫星杆，这一下子抓住了卫星，终于把卫星吊进了航天飞机货舱。

"好了，我们抓住它了。"指令长克里平向地面报告这一意外的成功。这时航天飞机上的火箭燃料仅仅能够完成这次原定6天飞行所剩下的任务。不过尚未面临燃料耗尽的危险，只是不能进行任何另外的试验了。

4月11日，宇航员纳尔逊和范霍夫坦身穿宇航服，进入敞开的货舱，开始修理这颗2.5吨重的太阳峰年观测卫星。经过检查，发现需要进行的修理工作主要是更换两个失灵的部件：一个是控制系统组件，另一个是电子仪器箱。他们用电扳钳和旋凿等工具进行维修。首先，范霍夫坦从卫星上取下姿态控制装置，毫不困难地用一个新的装置替换了旧的装置。这个装置修好后，卫星上7种科学仪器中就有6种能重新对太

宇航员在检修太阳活动峰年探测卫星

阳进行细致地观察。接着，他们又着手修理电子仪器箱，先打开卫星的保护罩，取出一个为第 7 种仪器提供电力的电源箱。这项修理在失重下比较困难，而且要拆下 20 枚小螺钉，但也终于修好了。

最后宇航员用机械臂把修好的卫星举到航天飞机顶上，由地面工程人员遥控检查。

地面工程人员检查后，认为这颗卫星已经恢复正常工作，航天飞机上的宇航员就将它放入太空，使它重新恢复观测太阳活动的功能了。

这次航天飞机修理卫星的工作，原计划定为6小时，但实际上只用了3小时25分。在完成这一工作期间，宇航员在太空中飞行约320万千米。这是"挑战者号"在这次飞行中取得的一项最大成果，这表明随意扔掉卫星的时代已经结束了。

61 轨道上的"人体卫星"

——宇航员第一次太空行走

1983年2月3日发射上天的"挑战者号"航天飞机上，载有5名宇航员，其中两名宇航员第一次不系安全带进行太空行走试验，创造了航天史上又一奇迹。

在这以前，宇航员走出航天飞机或空间站的机舱进行太空作业，身上都要系上安全带，有时还要系上两根，加强保险系数，因为在茫茫宇宙中，宇航员万一与飞船或空间站失去联系，那可不是一件小事。

然而在太空工作中，有时候需要宇航员去到离比安全带的长度更远一些距离的地方作业；再说，如果加长安全带的长度，那么在太空行走中万一使安全带发生了缠结，也会出现不小的麻烦。

于是航天科学家们就为宇航员们发明了一种可以在太空中自由行走的喷气背包。看过动画片《铁臂阿童木》的同学，一定还记得阿童木脚下有两个喷气筒，利用喷气产生的反作用力推动阿童木前进的情景。现

实中宇航员的喷气背包的作用和它相似。

宇航员太空行走用的喷气背包，是一种由 24 套氮气装置和一套备用装置组成的动力系统。通过宇航员手控器启动，并可根据需要调整喷气方向，实现进退、上下、左右、翻滚、俯仰和偏航等动作。这种太空代步工具就像一艘小宇宙飞船，可以达到在太空自由来往的要求。这次飞行的两名宇航员将作不系安全带的太空行走，正是要对喷气背包的功能进行一番检验，以便决定宇航员是否能够在不系安全带的情况下作业，回收和修理太空飞行中的航天器。

按照预定的计划，2 月 7 日，宇航员布鲁斯·麦坎德利斯和罗伯特·斯图尔特穿上新型宇航服，背上喷气背包，解开安全带，先后走出座舱，利用背包的喷气，把自己推到离"挑战者号"航天飞机 97 米远的地方，然后又返回，像两颗"人体卫星"在漆黑的太空中悬浮飘飞，成为第一批在太空自由飞翔的宇航员。麦坎德利斯第一个走出航天飞机，靠喷气背包里喷出的氮气推动，离舱 45 米，欣赏到从未见到过的地球奇景，感到特别兴奋，连连发出赞叹："多么漂亮、精彩！"他在茫茫太空呆了 90 分钟，然后回到货舱，把喷气背包交给斯图尔特，让他也领略一下太空行走的乐趣。斯图尔特出舱时，一开始，他的手腕上还系着安全带，但他很快把它解开，开始离开航天飞机，操纵着喷气背包的喷气，自由地飞到离航天飞机 92 米远的距离后才返回，他在太空呆了 65 分钟。他们两人在太空中的漫步行走，相当于在距地球 280 千米的轨道上，以每小时 2.8 万千米的速度，风驰电掣般地绕着地球飞行。尽管这个速度如此之高，但宇航员却毫无感觉，胜似闲庭信步。他们在太空漫步，不仅试验了代步的喷气背包的性能，而且还修理了发生故障的电视摄像机。

在太空既没有空气，也没有水，而且太阳辐射极强，气压几乎等于零，还游荡着无数高速运动的流星，因此宇航员在太空行走，必须穿戴有特殊防护性能的宇航服。最新的宇航服由尼龙、涤纶、特氟隆等九层绝缘材料叠合制成，它既能抵御宇宙射线，又能防止小流星袭击。宇航

太空中的"人体卫星"

服轻巧灵活，具有供氧、供水、隔热、保暖、存尿、通信联络、电视摄像、照明等多种功能。为保证宇航员的安全，还装有灵敏的电子报警系统。整套宇航服从头到脚的密封性能很好，总重 113 千克。别看它重量不轻，由于太空失重，这样重的服装就变得很轻盈，令人行动自如了。

这两位第一次勇敢地在太空中行走的宇航员，麦坎德利斯 46 岁，当过海军飞行员；斯图尔特 41 岁，是一名陆军中校。他们都是首次参加航天飞行，却完成了人类历史上真正自由的太空行走，谱写了航天史上新的篇章。

62 天外摘星

——航天飞机捕捉两颗卫星

航天飞机在太空捕捉失效卫星的故事，不只是"挑战者号"1984年 4 月 6～12 日在太空中捕捉并维修好了太阳峰年观测卫星那一次。既然能成功捕捉一个失灵的卫星，就有可能再成功捕捉几个失效的卫星。

这次在太空中捕捉失效卫星的绝活，是美国航天飞机"发现号"完成的。它于 1984 年 11 月 8～16 日，在它的第二次太空飞行中，就演练了捕捉两颗失效卫星并获得成功。

这两颗卫星一颗是印度尼西亚的"帕拉帕 B-2"通信卫星，另一颗是美国西方联合公司的"西联-6"通信卫星，它们是同年 2 月由"挑战者号"航天飞机施放的，由于卫星自身的火箭发动机提前熄火，没有进入预定轨道，成为两只在太空游荡了 9 个月的"迷途羔羊"。

这次航天飞机天外摘星的过程分为两个阶段：

第一阶段是地面控制中心发出遥控信号，把两颗卫星的椭圆形轨道

变成与航天飞机相同的圆形轨道，并把它们的运行轨道高度降低到接近航天飞机的运行轨道。起初航天飞机"发现号"的运行轨道，比卫星的轨道低约48千米，比卫星落后约1万千米。"发现号"首先用4天时间追赶上两颗卫星，把航天飞机与卫星之间的距离缩短到56千米，这样才具备可以操作捕捉卫星的条件。

第二阶段是两名穿着宇航服的宇航员，从密封舱走到敞开的货舱，由一名宇航员背上喷气背包从太空中径直飞向卫星，当接近卫星时，用随身携带的权杖插进卫星尾部火箭发动机的喷口，并把它牢牢地固定在喷口中，然后由航天飞机密封舱内的宇航员操纵机械臂，伸向卫星，由另一名宇航员将卫星顶部的天线夹住，由机械臂把卫星和这位宇航员一道收回货舱指定位置，拔掉权杖，截去天线，把卫星固定在底座上。

具体来说，这次"发现号"航天飞机首先是拯救印度尼西亚的"帕拉帕B-2"通信卫星。12日，"发现号"已上天飞行4天，追上卫星后，宇航员艾伦和加德纳走出座舱，在女宇航员安娜·费希尔操纵机械臂的帮助下抓住卫星，但由于机械臂上用来夹住卫星圆形天线的框架窄了半厘米，因而使机械臂不能发挥作用，结果由艾伦勇敢地将卫星抱住，在加德纳的协助下，用双手把卫星拖进货舱，把卫星固定在底座上。虽说这是一次不简单的手工捕捉，但整个回收过程仅比原定时间6小时延长了10分钟，效率也可算是很神奇的了。

两天后，"发现号"又开始抓捕"西联-6"通信卫星。14日先由宇航员加德纳出舱工作，后由艾伦骑在机械臂顶端的工作台上，抓住卫星不放，不断翻动它的位置，以便加德纳能用权杖将卫星尾部锁住，再由在舱内的女宇航员安娜·费希尔操纵机械臂，一同把这第二颗失控的卫星连拖带拽地拉进货舱，并固定起来。这样，在太空回收两颗失效卫星的计划全部顺利完成。

16日，"发现号"航天飞机返航，将这两颗卫星带回地面修理。航天飞机在太空回收卫星的成功，创造了航天技术史上又一项最新纪录。

63　化险为夷

——航天飞机太空遇险

1991年11月24日，美国"亚特兰蒂斯号"航天飞机载着6名宇航员升空，开始一次执行军事使命的飞行。

11月25日，"亚特兰蒂斯号"进入轨道后6小时，按照预定的计划，宇航员把一颗重2355千克的导弹预警卫星施放进入预定轨道。预警卫星的功能是专门监视军事情况的。卫星上装有一台大型红外线望远镜和6000个红外传感器，定点在3.6万千米的轨道上后，能准确探测到地面任何一处火箭发射、核爆炸的情况，并及时发出预警。它的灵敏度极高，对普通飞机发动机产生的热辐射具有良好的反应能力。这种预警卫星在1980年伊朗与伊拉克的战争中侦察到200次导弹发射；在1990年伊拉克和科威特的海湾战争中，又监测到伊拉克发射的飞毛腿导弹88次，为截击这种导弹提供了5～10分钟的预警时间。

在这次飞行中，6名宇航员还进行了一系列军事观察和监测放射线活动。他们借助特制的光学仪器和通信设备，从太空对美国的军港、机场、舰艇等军事设施进行观测、拍摄，以便日后评估这些设施的情况。同时还进行了两项太空监视的军事实验。一项是地面侦察实验，为美国研制激光制导侦察卫星提供重要数据；另一项是为了帮助军方分析人员能更好地了解人的眼睛从太空能看见什么的实验，以便将来在太空飞行的宇航员一旦发现危险情况能如何指挥部队发挥作用。

航天飞机"亚特兰蒂斯号"在太空中的军事任务完成得有条不紊。

11月28日，当它正以每小时2.8万千米的速度飞行时，突然发现

距自己仅 5～10 千米处有一块火箭残骸正迎面飘飞而来。幸好地面控制中心提前 10 小时就发出指令，要宇航员启动反推发动机，调整航天飞机的速度，使它与从右侧飞来的火箭残骸避开，使两者相遇的距离增大到 52.8 千米。

这块火箭残骸是苏联 1976 年发射的"宇宙 851 号"卫星的"东方号"火箭残骸，它在空间游荡已经 15 年了。这些空间废弃物对宇航员是一种致命威胁。要知道，航天飞机在太空是以高速飞行的，这样高的速度，哪怕只遇到小得像花生粒那样一点大的物体，它就能穿透航天飞机的座舱，从而导致座舱减压发生故障。在地球轨道上以每小时 2.8 万千米高速飞行的一块豌豆大的碎片，足以击毁一架航天飞机。万幸的是，航天飞机上的指令长指挥航天飞机"亚特兰蒂斯号"及时躲过了火箭碎片的撞击，避免了一场罕见的航天灾难，安然无恙地继续太空飞行。

这次太空飞行原定 10 天，但仅飞行了 6 天，到 11 月 30 日早晨，"亚特兰蒂斯号"航天飞机上的 3 个导航装置中的 1 个失灵，宇航员曾试图修理，但未能成功。因为这个装置是航天飞机返航进入大气层专起导航作用的重要仪器，如果其他两台导航装置也发生故障，宇航员就很难回到地面，因此决定提前 3 天，于 12 月 1 日安全返回地面，降落在位于爱德华兹空军基地的干涸湖底上，化险为夷地结束了美国航天飞机的第 44 次飞行。

64 像一颗流星在太空消失

——"挑战者号"航天飞机失事

1986年1月28日，美国"挑战者号"航天飞机升空后只有74秒钟，突然爆炸而失事。航天飞机上的7名宇航员都不幸罹难。其中有一位名叫克利斯塔·麦考利夫的女宇航员最惹人注目，因为她是一位中学教师，所以特别使得美国的中小学生为之哀痛不已。世界上第一位参加太空飞行的女教师壮志未酬，血洒太空，写下了人类航天史上悲壮的一页。

麦考利夫1949年生于马萨诸塞州的弗雷明汉城。她大学毕业后到马里兰中学任教，后迁居新罕布什尔州，仍当中学教员。1961年，美国首次发射载人飞船时，她还是弗雷明汉城中学的初一学生。在电视屏幕上看到火箭发射升空，注视着宇航员乘坐的宇宙飞船进入轨道，使她对神秘的太空心驰神往。麦考利夫在日记里记下了自己无比激动的心情，后来对每次航天活动都倾注满腔热情。在一次上课中老师提问谁愿意飞往月球去时，麦考利夫第一个举手从容地回答了"我愿意"。她把对太空的向往深深地埋藏在心底。

1984年8月的一天，麦考利夫从收音机里听到国家准备招收一名普通教师参加航天飞行的消息，立即提出申请，没想到报名想参加太空飞行的多达11000人。经过几次筛选，有114人进入候选者的名单，麦考利夫也在此列。

麦考利夫又兴奋又紧张，她在课堂上对学生讲：此时我的心情和你们面临考试一样，你们要鞭策自己，我也同样要努力。麦考利夫不免感

到紧张，唯恐落榜。当遴选的最终结果公布，只有 4 名男教师和 6 名女教师合格时，麦考利夫名列榜首。

1985 年 9 月，麦考利夫被送往休斯敦的约翰逊航天中心参加培训。分派给她的任务是，在航天飞机上通过电视给地面上的美国和加拿大两国 350 万中小学生上两节太空课：第一节介绍航天飞机太空飞行实况，第二节讲解人类探索太空的意义。她还将奉献给中小学生一部太空日记，激发青少年征服宇宙的志向和热情。

麦考利夫已有两个孩子：一个 9 岁的男孩和一个 6 岁的女孩。紧张的训练开始后，尽管舍不得离开自己的孩子，但她深信他们将从她的太空飞行中获得快乐。麦考利夫所在康科达中学的 1200 名学生，都为麦考利夫作为第一位教师参加太空飞行感到骄傲和光荣。他们在为麦考利夫送行时，希望她把学校的一面校旗带上太空，并对老师说："你这次成名之后可不要忘了我们。"麦考利夫表示她此次飞行之后，还要回校教书。

1986 年 1 月 28 日 "挑战者号"发射那天，麦考利夫所在的

"挑战者号"航天飞机爆炸

康科达中学的全校师生像过节日一样穿着校服，带着乐器，进入教室和礼堂，围坐到电视机前，他们焦急地等候观看老师升空遨游的壮观情景。他们从电视屏幕上看到 "挑战者号" 的 7 名宇航员在指令长斯科比的带领下满怀信心地走向发射塔，看到麦考利夫含笑向人群挥手告别："今天我们可要飞走了。"谁会料到，这竟是她留给人间的最后一句话。

当"挑战者号"航天飞机升空 74 秒，在一声巨响之后，空中突然出现一团浓烟，"挑战者号"航天飞机出事爆炸了！麦考利夫的父母惊吓得一时说不出话来，不禁失声痛哭。她的丈夫在悲痛中把沉浸于万分震惊中的两个年幼子女领下看台。康科达中学的师生们顿时吓呆了，孩子们也大声痛哭。这一事故使他们受到的震惊实在太大了！

几天后，康科达中学在体育馆举行悼念活动，孩子们用诗句和歌声表达对这位女教师的哀悼和敬仰。一年以后，全美国中小学生捐集百万铜币，为麦考利夫竖起一座铜像。麦考利夫像一颗流星一样划过太空消失了，但她却以自己年轻的生命在航天史上放出耀眼的光辉。

65　热烈欢迎重返太空

——"发现号"航天飞机再次升空

1986 年，美国航天飞机"挑战者号"升空后 74 秒发生爆炸，出现机毁人亡的严重航天事故。自那以后，美国国家航空航天局花了两年多时间，进行了周密的研究和改进，定于 1988 年 9 月 29 日，"发现号"航天飞机再次发射飞行。由于这是发生事故以后的第一次航天飞机重上天空，吸引了成千上万的人拥向佛罗里达州肯尼迪航天中心，希望亲眼目睹航天飞机重返太空的风采。

这次"发现号"航天飞机共载 5 名宇航员升空。航天飞机为保证宇航员的安全，已经作了许多改进，采取了不少措施。

首先是用两年多时间对航天飞机反复检查、修改，对宇航员进行严格全面训练，采取了一系列安全措施。在宇航员座舱内增设了脱险的救生装置，其中 5 名宇航员穿上重新研制的宇航服，宇航服内设置了降落

伞，遇到紧急情况时，航天飞机可由自动驾驶仪操纵，宇航员则由前舱退至中舱，从一个新增加的舱门中弹射出去，待宇航员随自动张开的降落伞落地时，降落伞会自动脱离，然后宇航员在自动充气的救生筏上，用随身携带的无线电呼救。此外，在技术上还有 400 多项改进，包括燃料箱上的 O 形密封圈，增加了独立的压力装置；更新了主发动机、制动装置、防热设备和操纵系统。为了确保"发现号"恢复飞行的安全，这次发射还制定了新的天气限制，对发射场地的温度、湿度、风速及飞行路线周围的闪电、雷雨、带电云等均有严格规定。由于气候条件不好，"发现号"发射日期更改了 5 次，发射前的倒计时两次推迟几小时。

在卡纳维拉尔角的棕榈滩，随处都可见到醒目的标语："祝宇航员一路平安！""'发现号'，祝你走运！"从世界各地赶来的参观者多达 25 万人。当倒计时牌上数字减至零时，发射台上立即腾起一片火光。顷刻间，火箭喷出橘红色火柱，带着航天飞机直冲云霄。58 秒后，"发现号"拖着长长的白色尾烟消失在云层中。两分钟后，燃料箱顺利脱落，"发现号"进入轨道。"成功了！成功了！"参观的人群欢呼起来。

"发现号"发射上天 6 小时后，将一颗重 2.5 吨的 TDRS-C 跟踪与数据中继卫星送入地球同步轨道，然后在 4 天的飞行中进行了 11 项科学实验。令人注目的是 10 月 2 日在太空举行的记者招待会上，机组中的 5 名宇航员向在 1986 年 1 月 28 日遇难的"挑战者号"上的 7 名宇航员致哀，指令长霍克说："亲爱的朋友们，你们的献身意味着我们可以大胆地重新开始，你们的精神和愿望仍然活在我们心中。"

在完成 4 天的太空飞行后，"发现号"于 10 月 3 日返航。当航天飞机进入 120 千米的高空时，飞行时速高达 2.9 万千米。"发现号"在爱德华兹空军基地以西 8045 千米上空急转弯调头，从离地面 48 千米下降到 16 千米，这时利用摆动舵和减速装置，使航天飞机减速到时速 5198千米，最后以 482 千米的时速降落在爱德华兹空军基地的洛奇干湖 12千米长的跑道上。聚集在着陆地的近 25 万名参观者鼓掌欢呼，热烈欢迎重返太空的"发现号"航天飞机胜利归来。指令长霍克高兴地说：

"我们为这次胜利飞行感到骄傲，但这是所有航天人员以及为这项事业献身的宇航员共同努力的结果。"

66 "奋进号"旗开得胜

——手工操作抢救卫星

1986年1月28日，"挑战者号"航天飞机升空后突然爆炸，造成机毁人亡的灾难，使美国人民感到十分痛惜。但是这并没有使航天科学家们失去信心和勇气，美国决定重新研制一架航天飞机来接替"挑战者号"上天飞行。

给新研制的航天飞机取个什么名字好呢？

当年3月10日，美国佛罗里达州一名众议员提出一项议案，要求国家航空航天局把给这架新造航天飞机取名的事交给中学生认可，在中学生中开展一次征名活动。随后，美国在全国中学生中发动了一次为航天飞机取名的竞赛。全美国由7万多名学生组成的6100个小组踊跃参加了这一竞赛。

说来也巧，在密西西比州塞纳托比亚中学五年级的一个9人小组，还有在佐治亚州的塔卢托福尔学校一个八至十二年级的9人小组，这两个小组不约而同地给新航天飞机取名"奋进号"，分别获得低年级和高年级的全国冠军。这架航天飞机于是正式命名为"奋进号"。

说起"奋进号"这个名称，并不是什么新名词，它曾是1768年英国探险家詹姆斯·库克指挥的第一艘探险船的船名。当年库克驾驶着这艘探险船从英国远征南太平洋，绘制了澳大利亚东海岸的地图，还发现了新西兰大陆，为开发南太平洋大陆建立了功绩。所以大家认为，把这

第五架航天飞机取名"奋进号"很有象征意义。

1992年5月7日,"奋进号"航天飞机发射升空,这是它建成后的首次飞行。机上共载7名宇航员,航天飞机每94分钟绕地球一圈,首要任务是追赶一颗失效的"国际通信卫星6号",它在距地球只有550千米的轨道上运行。这颗通信卫星长5.2米,重4.5吨。从5月8日开始,"奋进号"就在太空追逐这颗卫星。

5月10日,"奋进号"已经接近卫星,机上两名宇航员走出座舱,其中一人站到机械臂顶端的平台上,试图把捕捉装置固定到卫星底部,但由于卫星滚动,他俩连续奋战了5个小时,未抓获到卫星,抢救失败。

11日,两名宇航员又一次走出机舱,操纵机械臂去夹卫星底部不足2厘米宽的内边,有时甚至连手都能碰到卫星,可是卫星就是不上钩。第二次抢救卫星又告失败。

航天飞机与一般飞机不同的是,它没有自己的动力源,全凭火箭发射上天后就开始沿轨道自动运行,只靠推力很小、为数不多的微型火箭调整姿态和方向,返回地面时主要靠地球引力降落。因此两次在太空抢救卫星失利后,它所携带的燃料只允许宇航员做最后一次尝试,如果再次失败,就只好放弃回收卫星无功而返。美国航天飞机过去在太空抢救失控的卫星,还从未有过失败的纪录。美国国家航空航天局地面指挥中心决定孤注一掷,通知指令长派3名宇航员进入太空,用手去抓捕光滑旋转的卫星。

用人工方法捕捉卫星,既大胆又危险。如果在操作中宇航员身上的宇航服被卫星上的尖角划破一道口子,哪怕直径只有0.6厘米那么小,宇航员的性命就难保,因为人朝向太阳一面的温度可达140摄氏度,背着太阳一面的温度在零下100多摄氏度,没有宇航服的保护,在这样的温度下人还能活吗!

13日下午,指令长布兰登斯坦命令3名宇航员作最后一次努力。希布和艾克斯走出机舱,先在敞开的货舱里利用一些器材制成一个支

架，艾克斯站在上面，希布站在货舱侧面，索特则跨在机械臂上，一切准备好之后，于傍晚近8时开始捕捉这颗每5秒钟旋转一圈的卫星。他们齐心协力，协同操作，用手抓住了卫星，很快使它停止旋转。然后花了一个多小时稳住卫星，希布用一只手托住它，索特也紧紧抓住它，七手八脚地把它固定到位。这一作业在晚上9时23分完成。9时48分，宇航员梅尔尼克运用机械臂把卫星移进货舱，太空回收卫星终于成功。

5月13日晚，宇航员们给卫星装上一台固体燃

宇航员捕获"国际通信卫星6号"

料发动机，然后由女宇航员桑顿操纵开关，点燃发动机，将这颗卫星重新放回太空，使它进入赤道上空3.6万千米的同步轨道，开始为期12年的工作。到14日，这颗能同时转播2万门电话和3个电视频道信号的"国际通信卫星6号"，经过抢救，已完全恢复了复杂的国际通信功能。

"奋进号"航天飞机上的3名宇航员，冒险在太空作业，用戴着手套的手，把一颗流浪太空两年的卫星抢救过来，而且这一切是在宇宙空间用手工操作方式去擒获快速运转的卫星，创造了航天史上又一奇迹。

67 在太空探测宇宙

——航天飞机施放哈勃天文望远镜

　　1609 年，意大利科学家伽利略制造了光学望远镜，第一次用它观察了地球以外的星空，揭开了关于宇宙的许多秘密，天文学才得以在科学观测的基础上加以认识和研究。

　　从那以后，天文望远镜的技术不断发展进步，帮助人们观测到更多、更广阔的关于宇宙和星体的秘密，同时也使人们产生了更深入了解和认识宇宙的愿望。然而，由于地球表面有一层厚厚的大气层，它影响着光线的直接射入，这就使得天文学家产生了在地球的大气层以外，设立一架天文望远镜观察宇宙的设想。

　　一架以哈勃命名的太空望远镜就在这样的背景下诞生了。埃德温·哈勃是英国天文学家，他是宇宙大爆炸理论的创始人。

　　1990 年 4 月 24 日，美国"发现号"航天飞机携带着这架重 12.5 吨的哈勃望远镜进行太空飞行。第二天它将这架望远镜部署在离地面 607 千米的高空轨道上。这架太空望远镜长 13.1 米，宽 4.2 米，体积有一辆 14 轮拖车那么大，呈圆筒形。它的两侧各有一块长 12 米的太阳能电池板，看上去很像一对大翅膀。哈勃望远镜是用现代科技装备起来的望远镜，它拥有一台直径 2.4 米的主体镜和一台直径 0.3 米的次级镜，并配备宽广视野的行星摄影机、暗淡天体摄像机、暗淡天体摄谱仪、高分辨率分光摄像仪、高速光度计以及精密导向传感器。哈勃望远镜在远离大气层的太空轨道上运行，负责收集天体资料，然后通过在地球同步轨道上的跟踪与数据中继卫星，传至地处新墨西哥州的白沙地面站，地面

航天飞机施放哈勃太空望远镜

站再经商用卫星将资料传至戈达德航天中心。这个中心 24 小时控制这个太空望远镜，同时不断接收资料，并将收到的资料传给巴尔的摩空间望远镜科学研究所。这个研究所负责这次长达 15 年的空间探测工作。

不过，哈勃望远镜的发射并不顺利，而是多灾多难。原计划在 1982 年秋升空，因研制出现问题，不得不推迟到 1986 年。但 1986 年因"挑战者号"航天飞机失事，发射哈勃望远镜的计划再次延期。这次"发现号"航天飞机原拟 4 月 10 日发射，但发射前 4 分钟由于机上液压

操纵系统发生故障，发射时间又推迟到 4 月 24 日。当哈勃望远镜进入太空后，航天飞机上的任务专家向它发出信号，使它先打开太阳能电池板，为望远镜及其天线提供电力，进行 7 个月的试验，然后才开始探测活动。

这个大型太空望远镜的观测距离达 150 亿光年。它能观测到比地面天文望远镜观察的天体暗淡 25～50 倍的天体。科学家使用它有助于确定宇宙的具体年龄，了解星系的形成和演变，并揭示黑洞的真相。哈勃望远镜的具体研究目标包括测定宇宙中天体离地球的距离，测出宇宙膨胀过程放慢的速度变化，收集星系中形成恒星的数据，观测处于原始生长期的恒星，发现邻近恒星的行星伴星，搜寻巨大的宇宙黑洞，确定银河系晕圈中气体、高速云图以及星际媒质的成分、温度、密度与结构等，确实都是属于一些高层次的天文学专业课题。在预定 15 年的工作期间，科学家希望它能带来令人惊喜的新发现。

实际上，在哈勃望远镜升空一个月后，就拍摄出第一张星团照片，把其数字图像传回地面，经计算机处理后，其清晰度比预想的高 2～3 倍，这就充分预示哈勃望远镜会获得宇宙探测的惊人成果，人们对它抱有很高的期望。

68　航天飞机追赶卫星

——太空回收科学实验装置

1990 年 1 月 20 日返回地面的"哥伦比亚号"航天飞机，带回一颗在太空浪迹 6 载的科学实验卫星。这颗卫星叫 LDEF，意思是太空长期暴露实验装置。它在轨道上停留了 6 年，进行了 57 项科学实验，获得

宝贵的实验成果，如果再不回收，两个月后就会坠毁。

这颗卫星是1984年4月6日由"挑战者号"航天飞机送上预定轨道的。卫星长9米，重11吨，已绕地球飞行32423圈，行程近12亿千米，大约等于地球到土星的距离。这颗卫星的任务是，在它的表面安装了各类金属、塑料和其他材料，这些材料包括可供制造隐形卫星所需的材料等，试验这些材料在太空辐射、微陨石碰撞及其他条件下的耐用性能，为今后制造空间飞行器作准备，特别是为美国制造未来空间站提供实验成果。原定发射一年后用航天飞机将它回收，正好碰到1986年1月28日"挑战者号"爆炸的事故，航天飞机暂停飞行，因而推迟了回收计划。

这之后另一艘"哥伦比亚号"航天飞机上天，于是人们才有条件去把这颗LDEF卫星收回。

1月2日"哥伦比亚号"航天飞机升空，立即进入离地面285～371千米高的轨道，这时LDEF卫星在离地面大约335千米高的轨道上，它俩的距离是2720千米。

经过8天飞行，1月10日"哥伦比亚号"的轨道调整到310～338千米高的轨道，而且速度已略快于卫星，两者距离缩小到1400千米。11日，指令长布兰登斯坦和驾驶员韦瑟比再次把航天飞机的飞行轨道调整到与卫星一样的334千米的高度。12日，为了增大速度，航天飞机在3天里，经过8次点火加速之后，终于追上LDEF卫星。这时机上宇航员已能用肉眼看见卫星了。

12日凌晨，当"哥伦比亚号"与卫星经过卡纳维拉尔角肯尼迪航天中心上空时，卫星正好在航天飞机下方一百多米处，两个紧紧相随的移动光点在夜空中闪烁。两个半小时后，在太平洋赤道上空，航天飞机机组人员打开电视摄像机开始向地面传送卫星的清晰图像。在柔和月光照射下，只见摄像机从航天飞机货舱中发出闪烁的灯光。那颗卫星保持着平稳状态，它那圆柱形的星体，一端朝向茫茫太空，另一端则对准地球。

12日上午10时许，在"哥伦比亚号"座舱的后部窗口，指令长布兰登斯坦用手操纵着航天飞机，以每秒1～2米的速度向卫星缓缓靠近。接着，按照地面控制中心的指令，"哥伦比亚号"迅速打开货舱，并且翻身使底朝上，这样货舱的舱口恰好正面对着卫星。此时，在航天飞机座舱后部的另一个窗口，女宇航员邓芭小心地控制着15米长的机械臂，缓缓地朝卫星伸展过去。10时16分，当航天飞机与卫星相距不到1米时，机械臂的抓手突然夹住了卫星。这个LDEF卫星在地球上的重量为11吨，体积相当于一辆公共汽车大小，是一个庞然大物，但因为此时此刻是在太空失重的情况下，它在那台只重408千克的机械臂上表现得轻如一片羽毛。邓芭操纵机械臂把卫星缓缓拽向航天飞机货舱，让卫星缓慢旋转，服服贴贴被拽进了货舱，直到完全锁定为止。整个回收工作花了1个多小时。

指令长兴奋地向地面报告："我们收回了卫星，一切进展顺利。""哥伦比亚号"航天飞机在太空回收LDEF卫星完全成功。

69　与富兰克林相似的实验

——绳系卫星太空发电

美国"亚特兰蒂斯号"航天飞机的第12次飞行，执行的却是一项创新性的任务——进行人类利用绳系卫星实现太空发电的首次尝试。

"亚特兰蒂斯号"航天飞机的飞行，是在1992年7月31日，由意大利第一位宇航员马莱巴于8月4日在太空释放一颗绳系卫星。这颗卫星是意大利宇航局制造的"绳系卫星1号"，直径1.5米，重517千克，呈球形体。这颗卫星外形的主要特点是，它连接着一根铜芯系绳，系绳

的直径只有 2.54 毫米，全部放开长度却达 20 千米。

卫星拖着一根这么细、这么长的绳子是为了什么呢？原来科学家想利用它进行一项与当年美国的富兰克林用风筝引下天空中闪电相似的实验。只不过富兰克林是用风筝将天空中的闪电引到了莱顿瓶中，而现在意大利的科学家们却设想将卫星代替风筝，要在太空无重力情况下，用一根长 20 千米的细铜芯绳将它放入太空。

科学家是这样设计实验的：在航天飞机进入轨道飞行后，7 名宇航员把放在货舱里塔架上的有 4 层楼高的卫星，用一根铜芯导电细绳施放到航天飞机上方。这根细绳的一端拴住这颗卫星，另一端同航天飞机连接，当"亚特兰蒂斯号"以每小时 2.8 万千米的速度飞过地球的电离层时，电离层中的电子就会聚集到带正电的卫星表面，并沿连接卫星与航天飞机的那根细绳到达作负极的航天飞机上，然后航天飞机上的电子枪再把电子发射回电离层，这样就形成一个闭合电路。科学家设想，沿着这根细绳会产生 5000 伏的电压。如果实验成功，今后就可采用绳系卫星产生的电力，代替昂贵的火箭燃料提供的动力，成为航天器作航天飞行的发电装置，为探索太空创造更为有利的条件。

这项实验从理论上看是可行的，从技术上看也并不复杂，可惜的是，实验进行得并不像预想的那么顺利。主要的障碍发生在那根细绳上。原来这颗"绳系卫星1号"一进入太空，控制系统绕线盘的电动机就出了毛病，细绳不能顺利伸展，使卫星只能委屈在航天飞机上方 180 米高度上晃动。接着系绳又出现了缠结，卫星只勉强升到 230 米处，绳子就卡住不动了。航天飞机无法收回这根绳子，也无法把绳子顺利伸展，结果使卫星处在危险之中。经过多次努力，都未能排除故障。由于这根细绳放出的长度太短，远没有达到 20 千米的长度，因此沿着这根绳子产生的电压只有 40 伏，离实验计划中的 5000 伏相差甚远。在这种情况下，到 8 月 6 日，只得放弃用绳系卫星进行发电的实验，7 名宇航员设法降低货舱塔架的高度，然后让塔架后仰，解开缠绕在一起的细绳，收回了这颗卫星。

航天飞机上的绳系卫星太空实验

　　充满着鼓舞人心的绳系卫星太空发电的第一次实验，未能取得预期的成功。

　　不必回避的是，这次实验的结果，使那些为此准备了20多年的科学家们深感失望。美国国家航空航天局的科学家诺巴·斯通说："当我开始从事绳系卫星的研究时，我的大儿子才上小学一年级，现在都上大

学了。我们花费了这么长的时间，得到的却是这么一点回报，太使人伤心了。"但他并不认为这次飞行是一次失败，因为宇航员们在这次飞行中毕竟得到了关于在太空无重力情况下利用绳系卫星系统发电的知识，这对后来的研究大有帮助，可以说为实现太空发电探索了道路。

70　黑人女孩可以成就任何事业

——第一位黑人女宇航员

1992年9月12日，美国第一位黑人女宇航员搭乘"奋进号"航天飞机，从佛罗里达州的肯尼迪航天中心升空飞行，她叫梅·杰米森。这次登上航天飞机的有7名宇航员，包括5名男性、2名女性，而梅·杰米森是美国当时唯一的黑人女宇航员。

在这次飞行中，杰米森的工作和其他宇航员一样，主要任务是进行生物实验，监督4只非洲雌蛙产卵，并让这些卵受精，以观察蝌蚪在失重条件下的发育情况。这些非洲雌蛙产下的卵，在太空中孵化出的几百尾小蝌蚪，到航天飞机返回地面时已能游动。这一实验的意义很大，因为这是首次在太空中繁殖出昆虫以外的较高等动物——两栖动物。

杰米森参加的第二项实验是：利用生物反馈技术，减少宇航员在空间常患的一种太空病，以期防止太空晕船。由于太空没有重力，不能用在地球上的方式作静脉注射，杰米森和另一名女宇航员简·戴维丝试验一种在失重情况下输送静脉注射液的系统。这一试验为满足那些未来长期在太空的人员医疗需要而迈出了第一步。

杰米森还进行了一项试验，那就是使用加热的灯丝使充满加压气体的玻璃灯泡里的金属样品汽化，这些金属样品在被加热的8分钟时间

里，发出很亮的光，并发出一缕缕白烟，随后即冷却下来，成为均匀分布的小粒子。这一蒸发汽化实验在地球上也是非常难做的，因为地球的引力使这一过程失真，无法产生均匀分布的小粒子。

在经过8天的飞行后，杰米森带着丰硕的实验成果，乘"奋进号"航天飞机返回地面，为黑人妇女登上太空舞台争了光。

梅·杰米森1956年10月17日生于美国阿拉巴马州的迪凯特城，后迁居芝加哥市。她的父母非常重视对她的教育，鼓励她阅读科学书籍。16岁时，她考取斯坦福大学，攻读化学工程，1977年毕业。继后进入纽约康乃尔大学医学院深造，获博士学位。1981年加入和平工作团，到东北地区工作几年。1985年，杰米森成为洛杉矶市的一名医生。1987年入选美国国家航空航天局宇航员。她对此深有感触地说："这件事的重要性不仅是让那些在成长中的黑人女孩知道她们也可以成为宇航员，而且同样可以成就自己选择的任何其他事业。"

71 纠正它的"近视"

——宇航员抢修哈勃望远镜

1993年12月2日，美国"奋进号"航天飞机开始为期11天的太空飞行，机上7名宇航员的主要任务是在茫茫太空修复哈勃望远镜。

哈勃望远镜是1990年4月24日由"发现号"航天飞机带上太空的，并将它送入600多千米高的地球轨道上运行，设计寿命15年。科学家希望它能帮助解开重大的宇宙之谜，包括追寻宇宙的起源，探索神秘的黑洞，回答宇宙究竟是有限的还是无限的等问题。但是，哈勃望远镜开始工作不久，地面上的科学家从发回的资料发现有不少不尽如人意

的地方。分析原因，人们认为这是由于进入望远镜内的光线不能全部聚焦造成的；而不能全部聚焦的原因则是由于主镜头形状制造上有缺陷，致使望远镜变得"近视"了。同时还发现，望远镜的太阳能电池板产生抖动，造成图像失真。

因此，地面上的科学家研究后，决定派宇航员上天去对它进行一番修理，并顺便更换3台陀螺仪、广角行星照相机等部件。

为了保证太空失重条件下修理哈勃望远镜成功，在派出以前，先让宇航员们在高强度水下进行了400多个小时的模拟试验，准备了150套意外情况下的紧急处置方案，并计划需要进行5次到舱外太空行走。总之，人们认识到这是一项复杂而艰巨的任务。

12月2日，"奋进号"上天后，立即开始跟踪追赶在距地面587千米轨道上以每小时2.8万千米的速度运行的哈勃望远镜。为做好使哈勃望远镜能与航天飞机会合的准备，地面控制中心已事先遥控调整了哈勃望远镜的飞行姿态，关闭了它的电源。经过两天的追逐，"奋进号"升高轨道，从后下方接近了哈勃望远镜，距离不足10米，两者之间的相对速度也降低到每秒2.5厘米以下。这时，瑞士宇航员克劳德·尼科拉尔操纵15米长的机械臂，在太平洋上空抓住圆筒形的哈勃望远镜，并把它固定到了航天飞机敞开的货舱内，第二天，其他宇航员轮流开始了在太空修复哈勃望远镜的工作。

12月5日，宇航员马斯格雷夫和霍夫曼站在机械臂的顶端，在哈勃望远镜的侧面更换了3台已无法运转的陀螺仪，然后发现哈勃望远镜侧壁舱门有3个插销失灵无法关闭，又多用1小时54分钟才解除了这一意外故障。宇航员还安装了新的陀螺仪电子控制装置和8个保险丝，排除了两块太阳能电池板的故障。他们为这次工作，在太空行走长达7小时45分钟。

12月6日，女宇航员桑顿和宇航员艾克斯用了6个半小时，成功地更换了前一天卸下的两块严重扭曲的太阳能电池板。

12月7日，马斯格雷夫用系绳与航天飞机连接，将霍夫曼固定在

机械臂顶端，更换了哈勃望远镜的广角行星照相机，为矫正哈勃望远镜的视力完成重要的一步。

12月8日，又轮到桑顿和艾克斯到敞开的货舱工作，他们安装了哈勃望远镜光学透镜的最后一个器件，这个只有分币大小的透镜用于矫正哈勃望远镜的"视线"，把哈勃望远镜的探测范围从40亿光年扩展到大约140亿光年。

12月9日，霍夫曼和马斯格雷夫一起站到航天飞机的机械臂顶端，将新安装的太阳能电池板由卷

宇航员在太空修复哈勃望远镜

曲状态充分展开成机翼形状，然后又更换了驱动太阳能电池板的电子装置，为一台摄谱仪安装了新的供电线路，为两台磁强计盖上防护罩。

至此，修复哈勃望远镜的工作全部完成，7名宇航员在太空5次行走的时间累计达35小时28分钟，可算是够长的了。别忘了，太空是一个无空气、无重力、温度变化剧烈的环境。这次太空修复哈勃望远镜，是自阿波罗登月计划以来难度最大的一次太空活动。

12月13日，"奋进号"上7名宇航员载誉返航。

一个月后，当被修复的哈勃望远镜传回第一批图像时，分辨率提高了50%。这是什么意思呢？打个比方来说吧，若把哈勃望远镜放到华盛顿，用它甚至能看清东京一只萤火虫飞舞时的光影。这就充分说明修

复工作取得了巨大成功。

72   生活中没有万无一失的事

——营救太空镜的女宇航员

1993 年 12 月 2 日是一个星期天，一位身材娇小的妇女身着宇航服，在地球上空 580 千米的地方，以每小时 2.8 万千米的速度飞行，并把重 290 千克、长 12 米的物体高举过头顶，稳稳地举了 10 分钟，然后把它放到太空中，这一精彩表演令人刮目相看，赞叹不已。她就是名叫凯瑟琳·桑顿的美国女宇航员。

原来，这是美国女宇航员凯瑟琳·桑顿在"奋进号"航天飞机上，参加修复哈勃望远镜任务时，精彩而又惊险的一幕。在修复哈勃望远镜的飞行中，"奋进号"航天飞机上的机组人员连续 5 天分两批轮流走出航天飞机，进入敞开的太空工作。在走出机舱之前，都是桑顿为这些同伴们装束好臃肿的宇航服。

但修复哈勃望远镜的工作不简单，特别是当给哈勃望远镜更换完一块太阳能电池板后，人们发现这块电池板的右翼那块卷不起，任务未能圆满完成，影响航天飞机顺利返航。于是桑顿勇敢地走向太空，坐在15 米长的机械臂的顶端，就像个采摘樱桃的人，她在航天飞机经过地球背阳的那一面时，抓住了那块 12 米长的太阳能电池板。桑顿牢牢地抓住它，不让它碰坏航天飞机或哈勃望远镜的任何部位，然后又稳稳地将它放回太空，好让航天飞机飞离时不与它相撞。在黑暗的太空中，她一点也不觉得冷，也不显得慌张，像一尊太空中的雕像。约 10 分钟后，出现了阳光，人们从传回的电视图像中看到她和同伴们修复哈勃望远镜

的壮举。

不过，这次并不是桑顿的第一次太空飞行。

桑顿出生于 1952 年 8 月 17 日，在阿拉巴马州的蒙哥马利城长大。父亲经营一家餐馆，母亲则帮忙料理。桑顿有三个兄弟两个妹妹。因为家里要负担 6 个孩子，经济并不宽裕，她只能在本州上大学。1974 年在奥本大学毕业，并获得弗吉尼亚大学的奖学金，1979 年获博士学位。1984 年她得知美国国家航空航天局招收宇航员，便怀着一线希望前往报考。她说：“我觉得自己有万分之一的可能。”结果她幸运上榜，被录取为预备宇航员。经过短期训练后，桑顿被指派负责航天飞机机组设备和飞行计算机软件工作。

1989 年 11 月 23～27 日，桑顿乘“发现号”航天飞机飞上太空，执行发射一颗军用通信卫星的秘密使命。1992 年 5 月 7～16 日，她又参加“奋进号”航天飞机的第一次飞行，协助驾驶员回收修复一颗国际通信卫星。经过两次太空飞行，桑顿认为除在一些小地方外，女性参加航天活动没有多大影响。

因此，1993 年桑顿再乘“奋进号”参加航天飞行时，担任在太空修复哈勃望远镜的重要任务。当人们问起她对充满风险的航天飞行有何感想时，桑顿回答说：“在准备太空飞行时，这些我当然都想过，但我认为生活中没有万无一失的事。”桑顿以乐观豁达的态度和不畏艰险的精神，作为宇航员中的一名女性，同样杰出地完成了这次令世人瞩目的太空飞行。

73 太空中的科研和生活场所

—— 苏联"礼炮号"空间站

人类并不满足在太空中做匆匆的过客，他们需要在太空中开辟更大的生活和工作场所。过去发射到太空去的载人飞船，空间狭窄，一般只能挤进去三个人，没有多大的活动余地，又不能携带较多的生活用品，只能匆匆地去，又匆匆地返回。于是人们设想建造一艘更大的宇宙飞船，可以有较大的空间陈设较多的科学设备，能携带较丰富的生活用品，这样，人们就可以在里面作较长时间地飞行，便于进行科学实验，还可以进行种植和养殖，进行工作和生产。于是就出现了大型空间站。

世界上第一座围绕地球轨道运行的载人空间站，是苏联发射的"礼炮1号"。它于1971年4月19日发射入轨，成为人类在太空生活的一座新居所。

"礼炮1号"空间站，是一座尖顶圆柱形的、像火车车厢那么大的铁罐，由轨道舱、服务舱和对接舱组成，总长12.5米，最大直径4米，总重18.9吨。对接舱有一个可以与从地球上发射来的飞船对接的舱口，飞船上的宇航员就从这个舱口进入空间站。轨道舱是两个圆筒，一个直径3米，一个直径4米，这里是宇航员工作、吃饭、休息的地方，舱里的气候和地球表面上的气候相同。服务舱则装有机动变轨发动机和推进剂。这样的空间站是可以满足人们在太空进行科研工作和生活的需要的。

"礼炮1号"由"质子号"火箭发射上天飞行。当时它的壳体上饰有"曙光"一词，标志着人类长期太空飞行计划的黎明。后来由于它在

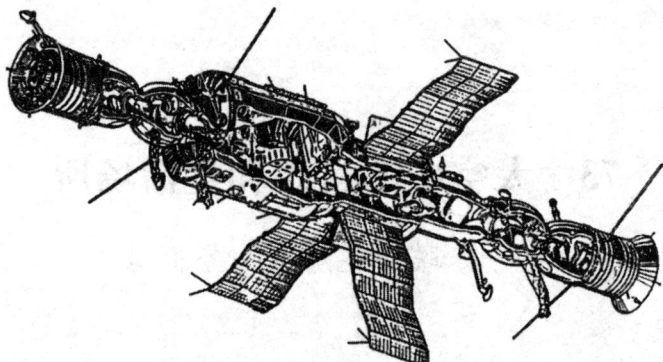

苏联"礼炮号"空间站

飞行中不断产生电火花似的礼花，故改称"礼炮号"。

"礼炮1号"入轨后，相继有"联盟10号"和"联盟11号"飞船上天同它对接飞行。每艘飞船均载有3名宇航员。第一艘飞船的宇航员由于没有打开舱门，只能隔窗眺望空间站，对接失败；第二艘飞船与空间站对接成功，宇航员进入"礼炮1号"生活了23昼夜，完成首次长期太空飞行。但不幸的是，这3名宇航员在返回地面途中，因飞船座舱密封不严，气压急速下降，导致舱内严重缺氧，使3位宇航员全都窒息死亡，酿成航天史上的一起重大事故。1971年10月11日，"礼炮1号"完成使命后在太平洋上空坠毁。

"礼炮2号"空间站于1973年4月3日发射，入轨后发生故障，4月28日失去控制后在太空解体，未有任何作为。

1974年6月25日发射成功"礼炮3号"空间站，先后接待"联盟14号"和"联盟15号"飞船，"联盟14号"飞船载两名宇航员到空间站上考察了16天，"联盟15号"飞船由于与"礼炮3号"对接失败，两名宇航员提前返航。"礼炮3号"在太空运行7个月，直到1975年1月24日才停止工作。

1974年12月26日发射上天的"礼炮4号"空间站，接待过两批共4名宇航员，在太空运行15个月。

1976 年 6 月 22 日发射升空的"礼炮 5 号"空间站，在它运行的 109 天内，接待过 3 批 6 名宇航员到空间站上开展实验工作。

这 5 座空间站都只有一个对接口，每次只能容许与一艘宇宙飞船对接飞行。

1977 年 9 月 29 日和 1982 年 4 月 9 日先后发射入轨的"礼炮 6 号"和"礼炮 7 号"两座空间站，经过改进，增加了一个对接口，容许两艘飞船同时与它对接飞行，即一艘"联盟号"飞船派人上去活动一段时间，可再派一艘货运飞船送去各种补给品，这就给空间站提供了长期载人飞行的有利条件。

"礼炮 6 号"在轨道上飞行将近 5 年，共接待 18 艘"联盟号"和"联盟 T 号"载人飞船，有 16 批 33 名宇航员到空间站上工作，累计载人飞行 676 天，完成 120 多项科学实验，获得许多有价值的资料。1980 年 4 月 9 日乘"联盟 35 号"到空间站上的宇航员波波夫和柳明，创造了在太空飞行 185 天的纪录。"礼炮 6 号"直到 1982 年 7 月 29 日才停止运行。

"礼炮 7 号"空间站在太空运行 8 年，共接待了 11 批 28 名宇航员，其中有世界上第二位女宇航员萨维茨卡娅，她首次实现妇女在空间站外太空行走。1984 年 2 月 8 日乘"联盟 T-10 号"上天的基齐姆等 3 名宇航员，共同创造了太空停留 237 天的纪录。"礼炮 7 号"载人飞行的累计时间有 800 多天，大大扩展了太空科学实验的范围。它最后于 1990 年 2 月 7 日坠入大气层中烧毁。

"礼炮号"空间站在太空中的运行，进行了对天体物理学、航天医学、生物学等方面的研究，还考察了地球上的自然资源，研究了人在长期失重条件下的生理会有什么变化等等，取得许多很宝贵的成果。

74　成功的抢救和维修

——美国的天空实验室

　　苏联的"礼炮1号"空间站于1971年4月上天以后，美国自然不甘落后，改装了一个可以在太空中长期运行和工作的舱体，它叫"天空实验室"，并于1973年5月14日，急忙用发射登月飞船的"土星5号"火箭，在美国濒临大西洋的卡纳维拉尔角发射场发射升空。

　　这座天空实验室当时具有好几大特点，使它比苏联的"礼炮1号"空间站更加引人注目。

　　第一大特点是它是最大最重的空间飞行器，呈圆柱形，长35米，直径约7米，重约77.5吨，能提供360立方米的工作生活空间。它由

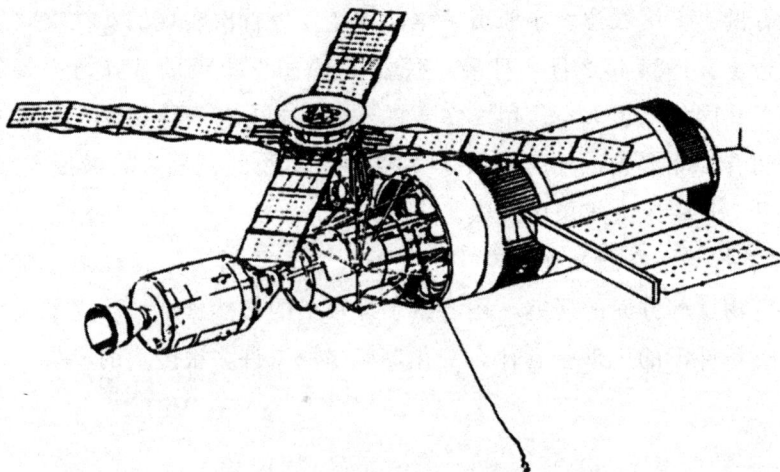

美国的天空实验室

轨道舱、气闸舱、多用途对接舱和服务舱等几大部分组成。

第二大特点是它没有采用核动力，而是用 6 块太阳能电池板提供实验室需要的电力。这 6 块太阳能电池板中有 4 块是狭长条形，呈十字展开；另外两块像机翼那样张开，居于圆柱左右两侧。设计时，这些太阳能电池板在发射前是折叠起来的，待进入轨道后才打开工作。

第三大特点是事先没有预料到的，那就是天空实验室的发射并不顺利。在火箭穿越大气层的过程中，其中右边的一块太阳能电池板因摩擦受力而撕裂，左边的一块太阳能电池板又被卡住打不开来，而且实验室外壳的隔热瓦又被摩擦弄破了。天空实验室因此电力不足，而且舱内温度由于日晒而不断升高，无法使用，面临失败的危险。

天空实验室最初并未载入，但过了 10 天，5 月 24 日，美国发射了一艘"阿波罗号"飞船，把第一批 3 名宇航员送上天空实验室，首先就是执行修理任务，抢救天空实验室。宇航员们在圆柱体的表面，张开 7 米长、6 米宽的特殊的遮阳伞，挡住炽热日光照射的舱体，使舱内的温度下降到可以住人。

接着，两位宇航员穿着宇航服爬到舱外，用长长的杆子清除掉卡住太阳能电池板的故障，使未能展开的太阳能电池板统统展开，恢复供电。然后宇航员在空间站内进行实验工作。

濒临失败的天空实验室，经过这 3 名宇航员勇敢而又机智地抢救，终于可以正常工作了。这一成功使美国总统尼克松很感动，他亲自给这 3 名宇航员发去贺电说："我代表美国人民对你们成功地整修世界上第一个真正的空间站表示祝贺和赞赏。人类在空间能像在地面那样工作，使我们有了新的勇气。"

这 3 名宇航员在太空飞行了 28 天，观测了美国 31 个州和其他几个国家的 182 个目标，拍摄了 10000 多张地球照片，30000 多张天文照片，完成了 90％的医学实验，取得圆满成功。

后来，又陆续有两批共 6 名宇航员进入天空实验室，分别生活和工作了 59 天和 84 天，也取得很丰富的科研成果。

1974 年 2 月 8 日最后一批宇航员返回地球后，天空实验室就停止了载人航天活动，它累积载人飞行 171 天。

按原来设计，天空实验室在太空运行到 1983 年，在到期之前，预计航天飞机即可投入使用，用它把有关设备运到天空实验室，就可把这座空间站升上更高的轨道，继续绕地球运行。但是到 1979 年，由于太阳黑子增大的影响，天空实验室开始提前下坠，到这年 6 月，它的轨道由原平均高度 370 千米降为 264 千米。美国国家航空航天局宣称，天空实验室坠落时间在 7 月 10～18 日之间。世界各国和地区作出相应准备，发出警报，避免天空实验室坠落给人们造成损失和危险。

1979 年 7 月 11 日，天空实验室进入大气层坠毁。它在太空运行总共 2249 天，环绕地球运行 34981 圈，航程达 14 亿多千米。美国地面控制中心发出最后一次指令，使天空实验室的制动火箭启动，延长它在空中飞行的时间近半小时，避开了北美大陆人口稠密地区，使它坠落时分解的残骸和碎片坠入印度洋。居住在澳大利亚西南沿海一带的许多人，目睹了燃烧的碎片划破长空那彩色缤纷的景象，不少人还报告拾到了天空实验室掉下的碎片。这座空间站结束了在太空遨游的使命。

75　有惊无险

——"礼炮 7 号"解体坠毁

1982 年 4 月 9 日苏联发射升空的"礼炮 7 号"空间站，原计划可在太空停留到 1998 年。但从 1987 年起，由于太阳活动加剧的影响，"礼炮 7 号"的飞行轨道开始以每星期 1 千米的速度下降，到 1990 年 2 月，它与"宇宙 1686 号"飞船组成的轨道联合体失控脱轨，就逐渐坠落

下来。

"礼炮7号"由三部分组成,即轨道舱、对接舱和服务舱。它总长14米,重18吨,在平均250千米高的轨道上运行。到1987年4月,已有10艘"联盟T号"飞船载有苏联、法国和印度的21名宇航员到空间站上工作,有15艘"进步号"货运飞船为它运送去各种补给物品。1985年"宇宙1686号"无人飞船与"礼炮7号"对接后,最后一批宇航员撤离空间站,从此"礼炮7号"开始无人飞行。

1989年12月19日,"礼炮7号"和"宇宙1686号"轨道联合体的无线电系统联系中断。苏联航天局宣布:"礼炮7号"失去控制,将于1990年1月底到2月初坠入大气层。苏联和世界各国的空间监控网密切注视它的运行情况,但只有在它坠落前几天才能预报坠入大气层的确切时间和坠落地区。"礼炮7号"这样的航天器一进入大气层,就会由于与大气层产生剧烈的摩擦而解体,解体后的空间站多数成为小碎片而在大气中燃烧消失,只有少数大块碎片会落到地面上,造成生命财产损失的事例可说是绝无仅有,但这个消息仍旧受到许多国家人士的关注。

苏联航天专家认为,"礼炮7号"会解体成250多块碎片落到地面,有些碎片重几千克,最大的可达2吨重。"礼炮7号"上安装有22种试验仪器,其中包括材料加工熔炉、太空摄像机、X射线分光仪、X射线望远镜和跟踪雷达系统等。至于这些残骸将在何时掉落在何处,各国的航天系统都在跟踪预测。1990年1月24日,苏联预测"礼炮7号"残骸可能落在欧洲境内;到2月7日又估计将落到非洲西边的大西洋里。而美国国家航空航天局2月5日的预测认为它将坠入新西兰以东的太平洋,后又称可能坠入地中海地区。至于法国宇航研究中心,则说它将落到大西洋至菲律宾地区。各种预测莫衷一是,众说纷纭,引起许多地方的恐慌,担心飞来的横祸会落到自己头上。

1990年2月7日阿根廷时间凌晨1时44分,"礼炮7号"空间站以每小时2.5千米的速度落入稠密大气层,16分钟后在大气层中焚化解体,解体后的碎片像降下一场"火雨",阿根廷许多地区都能感受到它

的影响。阿根廷首都布宜诺斯艾利斯国际机场控制塔的工作人员和阿根廷、智利边境安第斯山区的巡逻人员，在凌晨 2 时左右观察到了"礼炮 7 号"坠落的景象。许多目击者说，远远望去，碎片就像一个个向地面降落的火球。"礼炮 7 号"有一块直径 50 厘米、重约 15 千克的金属板落到一处居民住宅的后院里，一声巨响吓得女主人惊叫起来。一个年轻人突然看到天空中有 10 多个如同月亮的东西，排成与地面平行的一条直线，前面的闪着光，消失之后，还留下一股烟。一位摄影记者看到空中一个大火球从天而降，并循着火球落下的方向找到几堆正在燃烧的垃圾，拍下了已经卷曲的金属块的照片。

"礼炮 7 号"解体的这一惊险场面出现之后，苏联发布一份公报称，这次"礼炮 7 号"空间站进入大气层时，大部分已经解体，尚未烧毁破裂的碎片有 1.2～1.5 吨，但未给人员、财产和环境带来损害和危险，真是一场有惊无险的幸事。

76 各有自己的科研任务

——太空三人联袂翱翔

苏联 3 名宇航员列昂尼德·基齐姆、弗拉基米尔·索洛维约夫和奥列格·阿季科夫，于 1984 年 2 月 8 日乘"联盟 T-10 号"飞船进入太空，在"礼炮 7 号"空间站上停留 237 天，于 10 月 2 日返回地面，创造了 3 人联袂长期太空飞行的新纪录。

人们常希望知道，宇航员用这么长时间呆在空间站，究竟是进行一些什么科学研究呢？让我们通过这 3 位宇航员的工作了解一二吧！

这 3 位宇航员在太空飞行期间，在"礼炮 7 号"和"联盟 T-10 号"

轨道联合体内先后接待过两个访问考察组，其中一个是由两名苏联宇航员和一名印度宇航员组成的国际乘员组；另一个是由两名苏联男宇航员和一名女宇航员组成的考察组。他们和这两个考察组乘员一起，在太空研究了地球表面及其大气，开展了天体物理和工艺技术实验，进行了医学生物学实验，试验并演练改进宇宙飞行系统和仪器。

先说宇航员阿季科夫，他是一位心脏病医生，着重研究了失重情况下人的肌体在轨道飞行所有阶段的变化，考察了心血管系统状态和水盐代谢，这项研究为制定宇航员长时间在空间站上工作和休息的最佳制度取得了必要的科学资料。科学家认为，由医生亲身体验长期失重状态，并对自己和其他宇航员在太空作医学检查，对掌握太空飞行规律很有意义。阿季科夫在空间站上还进行了基因实验，第一次尝试把脱氧核糖核酸的大片段彼此分割开，这在地面条件下由于存在着重力作用，是不可能做到的。脱氧核糖核酸是动物体内储藏、复制和传递遗传信息的主要物质基础，因此这项实验在生物学和医学上都具有重大科学价值。

再说基齐姆和索洛维约夫，他们创造了在一次飞行期间有 6 次出舱到宇宙空间进行维修和安装工作的纪录。在空间维修工作中，他们拆卸安装了联合发动机装置的备用管道，安装了两块用来补充电力的太阳能电池板，在敞开的宇宙空间总共停留了 22 小时 50 分钟。这些太空作业，提高了轨道联合体的可靠性和工作能力，对在太空建造永久使用的大型空间站创造了条件。

他们还借助电泳装置，把构成人体最重要的蛋白质之一的白蛋白分离成五个组成部分，这一结果在地球上从未达到过。用这种方法制取的超纯蛋白制剂可用于地球上研制流感疫苗。

基齐姆和索洛维约夫还对晶体物理进行了多次研究。制造半导体的材料就是单晶硅等单晶物质，但地球是一个有重力的环境，要想达到提取出高度均匀的单晶物质几乎是做不到的。但他俩在失重的太空环境中多次进行了这方面的实验，实验结果表明，像单晶硅等几乎所有的半导体材料都可在电炉中拉出。他们还实验了金属表面蒸镀新工艺，使制取

具有特殊性能的新型半导体和其他材料成为可能。这些实验表明，人类在宇宙空间建造工厂，利用失重制造地球上所不能制造的产品已为期不远了。

从这 3 位宇航员在太空中所进行的科研课题，使我们体会到，人类如此努力致力于航天科技的发展与开发，目的决不仅只是对了解遥远的太空和宇宙秘密有着浓厚的兴趣和好奇心。

77　我要到星座去旅行

——第一位太空行走的女宇航员

1984 年 7 月 17 日 21 时 41 分，苏联女宇航员萨维茨卡娅随两名男宇航员，乘坐"联盟 T-12 号"飞船进入太空，18 日 23 时 17 分与在太空运行的"礼炮 7 号"、"联盟 T-11 号"轨道联合体对接飞行。按照这次太空飞行的计划，7 月 25 日傍晚，萨维茨卡娅穿上宇航服，同指令长扎尼别科夫结伴，一同走出空间站，在宇宙中漫步，用万能工具进行切割、焊接操作。

萨维茨卡娅的工作是，用电子束切割一块固定的金属样品，把两块金属板焊成一块，又在上面喷涂一层银，顺利完成切割、焊接、喷涂的复杂操作程序。在太空作业和在地球上作业条件不一样，存在许多困难。举个简单的例子来说吧，当萨维茨卡娅在失重环境里用锤子钉钉子时，钉子产生的反作用力竟会将她弹开；当她用力拧螺丝帽时，螺丝帽产生的反作用力竟推着她向相反的方向旋转。这许多地球上不会出现的反常现象，萨维茨卡娅必须一点一点逐步适应。

再有，太空是气候条件十分恶劣的环境，因为没有空气，必须戴着

氧气罩维持呼吸。而且，也是因为没有空气，就失去了调节气温的保护层，当自己在向阳的位置时，温度可以高达 140 摄氏度，连水都能烧开；而当处在背阳的位置时，温度就降到零下 140 摄氏度。虽说有宇航服给了她保护，却也得时刻小心，并且不断鼓励自己要有勇气，有信心，要坚持下去。

萨维茨卡娅这次穿着宇航服在太空作业、漫步了 3 小时 35 分。这次太空飞行共历时 11 天 19 小时 14 分。她是巾帼宇航员在太空行走的第一人。

苏联女宇航员萨维茨卡娅

萨维茨卡娅的这次太空飞行，是她的第二次经历。两年以前的 8 月 19 日傍晚，萨维茨卡娅随同两名男宇航员一起，乘"联盟 T-7 号"飞船首次飞上太空，并到"礼炮 7 号"空间站对接飞行。早在空间站上的宇航员向她献上一束太空生长的鲜花，萨维茨卡娅感到一片温馨，完全驱除了寂寞感。她与 4 名男宇航员一起，在空间站内进行了一系列科学实验，包括收获空间站上栽种的花籽。这次太空飞行，她在太空生活了 8 昼夜。第一天晚上她久久不能入睡，透过舷窗遥望蓝色的地球，它小得可怜，可也美丽极了，一转眼就可饱览整个欧洲，视野开阔，心旷神怡，这使她更加热爱航天飞行。

萨维茨卡娅 1948 年 8 月 8 日生于莫斯科。父亲是一位空军元帅、苏联功勋飞行员，参加过卫国战争年代的多次空战，两次获得"苏联英雄"称号。父亲的飞行生涯对萨维茨卡娅产生了深刻影响。"我也要飞行！""我要到星座去旅行！""我要到月球去野餐！"萨维茨卡娅童年时

一次又一次听父亲讲飞行的故事，心中充满对太空飞行的幻想。

当萨维茨卡娅上九年级时，成为跳伞运动队的队员，并在一次飞机跳伞中初露锋芒。后来在一次同温层跳伞中，她从 1.4 万米的高空跃出机舱，只是在临近地面时才把降落伞打开，创造了这次跳伞的世界纪录。萨维茨卡娅 17 岁时，已完成 500 次跳伞，打破 3 项世界纪录。一年以后，她以优异成绩被航空俱乐部录取当了飞行员。1970 年在英国哈拉维顿航空基地举行的跳伞比赛中，面对世界上众多经验丰富的强手，这位来自莫斯科的女大学生，以其娴熟的技巧和轻盈的动作，力挫群芳，以绝对优势夺得高级特技飞行世界冠军。

萨维茨卡娅从莫斯科航空学院毕业后，到著名的雅科福列夫设计局工作。她驾驶过 20 多种飞机飞行，在妇女中第一个达到每小时 2683 千米的飞行速度、2114 米的高度，共创造 18 项世界纪录。实践证明，她不仅是一位优秀的飞行员，而且还是一位才华出众的工程师。她善于独立思考，富有创新精神。因此，在 1980 年征选女宇航员时，设计局推荐她应考即被录取。从此，萨维茨卡娅投身太空飞行事业，在星城宇航员培训中心接受更加艰苦的训练，掌握了宇宙飞船和空间站太空对接飞行的全部课程。

萨维茨卡娅成为有两次太空飞行经历和第一位在太空行走的女性。成功的取得决不是出于偶然，而且，萨维茨卡娅的经历，表明妇女完全可以战胜失重环境，在太空中长期生活并有效地工作。

78　为永久性居住太空做准备

——苏联"和平号"空间站

自从"礼炮号"空间站和天空实验室的发射成功之后，航天科学家们坚信，在太空中建立永久性的空间站是完全可以实现的，于是苏联推出了第三代空间站——"和平号"空间站。

"和平号"空间站长 13.13 米，最大直径 4.2 米，重 21 吨，大小与

苏联"和平号"空间站

"礼炮号"空间站差不多,只相当于美国天空实验室的1/4。但它采用了积木式构造,"和平号"空间站实际上只相当于一个基础舱,它有6个对接舱口,可以对接载人的飞船和载物的飞船,还可以连接各种专业组合舱,这些组合舱都各有动力装置和生命保障系统,可以独立地完成不同的任务,有自己专门的科研用途。因此,它是世界上第一座长期性的、有可变换功能和扩大功能的载人空间站。

1986年2月20日,"和平号"空间站由"质子号"火箭发射入轨。3月15日,"联盟T-15号"飞船上天与它对接,宇航员基齐姆和索洛维约夫就进入了"和平号"空间站工作,开始了它的第一次载人飞行。到1996年,6个专用舱全部对接完毕,组成了一个宠大复杂的轨道联合体。

当然,并不是每次对接都那么顺利。然而,遇到的困难也都被宇航员勇敢而机敏地解决了。1987年3月31日,"量子号"天体物理实验舱升空,4月5日追上轨道上的"和平号"空间站,当距离只有200米时,由于"量子号"的控制系统发生故障,未能按计划对接。4月9日,两个航天器借助自动系统相互接近、停靠,"量子号"对接组件连杆在插入到36厘米处突然停止不动,这样,"量子号"与"和平号"的对接组件还差数厘米未能拉紧,只达到不完全对接。

是什么原因使这两个航天器的对接组件不能拉紧呢?4月12日,宇航员罗曼年科和拉维金走出空间站,移动到空间站与"量子号"对接的部位。经过仔细检查,他们发现原来对接没有完全成功是由于在对接部件之间掉进了异物。他俩设法排除了卡在对接部件的异物,完成了检修后,"量子号"与"和平号"终于完全对接成功。罗曼年科和拉维金在敞开的宇宙空间共停留了3小时40分钟。

1989年11月26日"量子2号"工艺舱发射上天,与"和平号"基础舱成功对接,在空间站上的宇航员维克多连科和谢列布罗夫利用"量子2号"带去的一架宇宙车,成功地进行了5次太空行走。

1990年5月31日发射升空的"晶体号"工艺舱,6月12日与"和

平号"对接成功。宇航员索洛维约夫和巴兰金用舱中设备生产半导体材料和高纯度药品，用自动电泳装置和温室进行生命科学研究，用紫外望远镜进行天文物理观测，还进行了医学研究和对地观测。"晶体号"工艺舱的实验为未来空间工厂的诞生准备了条件。

1995年5月20日，"光谱号"遥感科研舱发射升空，载有生物医学研究设备和新的太阳能电池板等。6月10日与"和平号"对接，空间站上的宇航员更换了太阳能电池板，从而延长了空间站的寿命。

1996年4月26日，最后一座"自然号"实验舱进入轨道，并与空间站对接成功。这又进一步扩大了"和平号"的科学实验范围。

从1986～1996年，"和平号"空间站在太空轨道上飞行已10年，先后接待了从"联盟T-15号"和"联盟TM-1号"～"联盟TM-24号"的25艘载人飞船、从"进步25号"～"进步41号"和"进步M-1号"～"进步M-34号"的50艘货运飞船，共有宇航员71人次到空间站上活动。这座由"和平号"空间站和"联盟TM号"载人飞船以及5个科学实验舱组成的大型轨道联合体，规模庞大，功能齐全，至少还能在太空运行3年。在这段时间内，除"联盟TM号"飞船继续载人上去开展实验工作外，还将有美国航天飞机与它对接实施联合飞行，为合作建造发射"阿尔法号"永久性国际空间站积累经验。"和平号"空间站长飞不衰的载人太空活动，是20世纪航天事业的一项重大成就。

79   太空记者招待会别开生面

——愉快的太空生活

苏联宇航员季托夫和马纳罗夫在太空飞行了整整一年，于1988年

12 月 21 日载誉归来。在返回地面之前的 12 月 4 日，他们同其他 3 名宇航员和 1 名法国宇航员一起，在"和平号"空间站上举行了一次别开生面的太空记者招待会，畅谈他们在太空的生活。

在离莫斯科市郊几十千米远的苏联航天控制中心，"和平号"空间站上的 6 名宇航员通过电视屏幕展示他们在太空的飞行情况。控制中心大厅的 3 块大屏幕联袂而立，主屏幕上显示的是地球平面图，"和平号"轨道联合体在太空中的运行轨道的两条亮线，沿着南美洲海岸向北，经西非，穿地中海，跨苏联南部和蒙古，从中国辽宁、山东南下，直奔南太平洋。这时"和平号"的飞行高度在 300 千米，大约 1.5 小时绕地球一圈。在右侧屏幕上，6 名宇航员出现在眼前，在太空已经飞行 350 昼夜的宇航员季托夫拿着话筒，正在回答中国记者提出的问题。他说："我们的自我感觉良好，如果需要，我们还可以在空间站上比原订计划多工作一段时间。苏联宇航员已经积累了长期飞行的经验，证明人可以长期在太空生活。"

屏幕上可以清晰地看到"和平号"空间站内的 6 名宇航员，他们是 1987 年 12 月 21 日进入太空的宇航员季托夫和马纳罗夫、1988 年 8 月 29 日上天的宇航员波利亚科夫、1988 年 11 月 26 日升空的宇航员沃尔科夫、克里卡廖夫和法国宇航员让 - 卢·克雷蒂安。他们在太空失重条件下活动，看上去愉快、健康。当地面记者问"宇航员每天的工作是怎样安排的？"时，宇航员争着回答说："每天晚上都要对第二天的工作做出详细的计划。早晨醒来的第一件事是点燃电炉，准备早餐，接着进行水疗，然后整天做各种规定的实验。此外，还要按时与地面控制中心联系，并用一些时间在练习器上进行体力锻炼，以调节失重对身体的影响。"

苏联记者向 6 位宇航员转达了一群少先队员提出的问题——宇航员在太空准备如何迎接新年？沃尔科夫答道，季托夫、马纳罗夫和克雷蒂安再过半个月就要返回地球，他们将在地球上度过新年；只有他自己、医生波利亚科夫和随船工程师克里卡廖夫 3 人将在太空过新年，人们已

从地面带了一棵小松树和一些装饰物品给他们装饰新年，他们相信在太空中新年一定过得愉快。

英国的一群小学生通过记者向宇航员提问，他们想知道在宇宙空间里什么好什么不好？法国宇航员克雷蒂安回答说，好的是一切空间均可有效利用，如人可以睡在舱顶板下；不好的是一切东西都会因失重而乱飞，吃饭时稍不小心食品就会从嘴边飞走了。他还拿出一块糖果放在空中，糖果立即飘向克里卡廖夫，克里卡廖夫趁机伸手把它抓住，放进嘴里就咀嚼起来。在地面看见这一情景的记者们不禁觉得新奇，哈哈大笑。

人们从电视中看到，"和平号"空间站上的空间有限，6名宇航员在一起显得拥挤，但他们和睦相处，休息时还弹奏电子琴和吉他，充满一种快乐的气氛。在记者们的热烈要求下，克雷蒂安用电子琴演奏了一曲优美的宇宙旋律。这次太空记者招待会，使人们目睹到了宇航员在太空活动的真实情景。

80 太空现场直播

——第一位太空记者的报道

1990年12月2日，苏联"联盟TM-11号"飞船从拜科努尔航天中心发射升空。这一次，飞船上运载了第一位进入太空的记者，到"和平号"空间站上采访。他就是日本东京广播公司的记者秋山丰宽，他也是日本的第一位宇航员。

秋山丰宽是在1988年和另一名日本女摄影记者菊池凉子一起，从126名日本报考者中选为记者宇航员的，1989年10月，先到星城宇航

员培训中心接受了一年的训练，做好了到太空空间站去采访的充分准备。

秋山丰宽的这次太空之行，是随着苏联宇航员阿法纳西耶夫、马纳罗夫一同升空的。当飞船刚发射的时候，他就像坐着翻斗汽车跑在石子路上一样，感到剧烈震动。飞船与火箭分离的一瞬间，身体好像浮到空中，血往头上涌，整个脑袋又胀又晕。他看见地球果真是蓝色的，地平线附近是一片湛蓝，越往远处颜色越深，地球漂亮极了。但是生理上却很不适应。

当晚，秋山丰宽在飞船上悬空睡了一觉，睡袋的一端紧紧地系在船舱壁上，在太空做了第一个梦。第二天，秋山丰宽头晕现象尚未消失，他向地面控制中心报告说："太空头晕叫我毫无办法，只能去适应它。在发烧达 40 摄氏度的第二天早上，脑袋感到麻木，就像是喝醉了酒。虽然头不痛，但有虚脱感。"

12 月 4 日，"联盟 TM-11 号"飞船与"和平号"空间站对接，秋山丰宽觉得心咚咚地跳，但已没有紧张感。对接成功后，秋山丰宽率先浮游进"和平号"空间站。原在空间站上的两名苏联宇航员马纳科夫和斯特列卡洛夫用盐和面包欢迎他的到来。12

宇航员秋山丰宽（日本记者）

月 5 日，秋山丰宽比计划早 1 小时起床，仍然有内脏和脑细胞浮上空中的感觉，但他没有因不适而退缩，坚持开展在太空的报道和实验工作。他向地面发回第一幅拍摄到的从西班牙到阿尔卑斯山部分的欧洲图像。傍晚，他对带上太空的 6 只青蛙做实验，观察它们在失重下的活动。他报告观察到的地面情况："日本的国后岛和泽捉岛相距真近，北海道的

形状像一叶海带。非洲有一片沙漠，看上去呈红褐色，连绵不断的土地，一副荒凉的样子。"

12月6日，当空间站经过日本上空的时候，秋山丰宽开始对地面拍摄，从西南诸岛开始，到纪伊半岛、关东平原，摄下了日本列岛的形象。秋山丰宽不禁喊叫起来："这是伊豆半岛，那是富士山，看见了，看见了！"日本的上空虽是晴天，但却有似炊烟或云雾一样的东西袅袅浮过，东京显得有些朦胧。

12月7日，这是秋山丰宽进入太空的第5天，他已经习惯太空生活。他开始用电视向地面直播空间站内的情况，其中有宇航员在失重状态下饮水和食品乱飞等很难抓到的画面。秋山丰宽说："当进入地球背面的太空时，可以看到无数的星星，还有很多流星。在太阳出现之前所看到的云雾，似粉似红，妙不可言。"12月8日，秋山丰宽继续报道在太空采访的情况，唱了一首日本歌，还念了一首自编的俳句："非洲沙漠真可怜，地上无森林，天上无片云。"他从太空看地球，根本看不到边界线。

秋山丰宽在太空每天要进行10分钟的电视广播和20分钟的电台广播，多数时间是和4名苏联宇航员一起开展失重下的各项科学实验工作。12月9日当他的身体刚刚彻底恢复良好状态的时候，预定的时间到了，他要返航了。秋山丰宽不无遗憾地忙着收拾要带回地球的器材和实验成果。

12月10日是秋山丰宽和苏联宇航员马纳科夫、斯特列卡洛夫换乘"联盟 TM-10 号"飞船返航的日子。他们依依不舍地告别"和平号"空间站，秋山丰宽的夫人通过电视说："希望你平安返回。"秋山丰宽答道："准没问题。"上午9时8分他顺利回到地面，结束了一个记者8天的太空采访之行。

81　真正的太空霹雳舞

——俄美太空相会飞行

　　太空中，俄罗斯的"和平号"空间站正在太空飞行，而美国的"发现号"航天飞机也早已能在太空中自由飞行，于是两国商定，要举行一次空间站与航天飞机的太空相会。

　　1995年2月3日，美国"发现号"航天飞机上天，在385千米高的太空轨道上追赶正在运行的俄罗斯"和平号"空间站，使这次历史性的太空相会成为事实。

　　可是，"发现号"航天飞机升空后不久，机上的喷气射流助推装置发生故障，装置中的助推剂有些泄漏。由于这次计划中的太空相会是在10米的近距离上，人们考虑到航天飞机上从喷气射流助推装置中泄漏出来的助推剂可能对"和平号"空间站带来污染，使对接在空间站上的"联盟TM号"飞船输送舱的光子传感器受到损害。这一意外发生的情况给航天飞机与空间站的近距离相会蒙上阴影。后来，两国修改了相会计划，采取加大距离的办法，解决助推剂泄漏的问题，使相会的计划得以继续进行。

　　2月6日下午6时，经过3天半的旅程，"发现号"航天飞机在飞行到第57圈时，终于追上了已在轨道上飞行51263圈的"和平号"空间站。"和平号"上的3名宇航员，有两名已在太空生活125天，另一名正在创下太空停留第394天时间的新纪录。

　　"发现号"航天飞机上的俄罗斯宇航员中，有一位是季托夫，他最先看见俄罗斯的"和平号"空间站，因为他熟悉"和平号"空间站，他

曾经在"和平号"空间站生活过。季托夫惊喜地叫喊起来："快看，我们追上'和平号'了！"其实这时航天飞机与空间站的实际距离尚有340千米之遥。季托夫是第二位搭乘美国航天飞机飞行的俄罗斯宇航员，他曾于20世纪80年代在苏联的航天器上创造过太空连续飞行366天的纪录，这次他主要负责太空相会期间的通信工作。

转眼间，"发现号"已飞近"和平号"，并小心翼翼地向它靠拢。当两者相距只有800米时，航天飞机改为手动控制飞行。2时20分，"发现号"与"和平号"的距离缩小到11.3米。这可不是一件小事！不要小看这个不起眼的数字，因为两个大型航天器都正在以相对于地面每小时2.8万千米的速度高速飞行，一不小心就会发生相撞事故。如果在这么高速度下出现碰撞，后果不堪设想。

我们完全可以理解，在这一惊心动魄的时刻，两个航天器上的宇航员几乎都流下了激动的泪水。"发现号"航天飞机指令长韦瑟比透过座舱玻璃看见"和平号"上的俄罗斯宇航员向他招手时，不禁惊呼："这简直是真正的太空霹雳舞！"其他的宇航员有的要全神贯注监控各种仪表数据，没有机会向对方招手致意，只能是隔舱相望一眼，就匆匆地擦肩而过了。

这一激动人心的短距离太空相会，整个时间仅只有十几分钟，航天飞机和空间站的距离始终保持在11.3～13.4米，航天飞机上的宇航员连续不断地对空间站拍照，以留下研究空间站外部情况的资料。

之后，"发现号"与"和平号"逐渐拉开距离，不过，航天飞机仍在120米之外恋恋不舍地绕着"和平号"飞行了一段时间，才告别空间站而远去。美国国家航空航天局局长丹尼尔·戈丁在指挥大厅的屏幕上，看到两国航天器太空相会的全部情景，对记者宣称："这是人类自阿波罗登月计划以来最为艰巨的太空行动！"

1995年2月11日清晨，卡纳维拉尔角曙光初照，瑰丽迷人。6时50分，"发现号"航天飞机在巨大的轰鸣声中平稳地降落在宽阔的跑道上，五彩斑斓的减速伞将航天飞机拖着慢慢停下来。美国"发现号"航

天飞机成功地结束了与俄罗斯"和平号"空间站太空相会的一次飞行。

82 开创美俄的太空合作

——两个最大航天器的对接

　　1995 年 6 月 27 日，美国"亚特兰蒂斯号"航天飞机载 5 名美国宇航员和 2 名俄罗斯宇航员升空。这是今后两年美俄实现两个航天器 7 次对接试验任务的首次飞行。

　　"亚特兰蒂斯号"上天后约 1 小时 30 分钟绕地球飞行一圈，比"和平号"空间站绕地球运行一圈的时间略少，可缩短与轨道上的"和平号"之间的距离将近 510 千米。按计划，航天飞机追上空间站需要绕地球飞行 28 圈。它们将在处于距地面近 395 千米的轨道上对接，同时以相对于地面每小时 2.8 万千米的速度沿相同方向飞行。6 月 29 日上午 9 时，"亚特兰蒂斯号"追上"和平号"，开始对接。

　　说起这次成功对接，其实是一件很不简单的工作。此时"和平号"空间站上共有 3 位宇航员，他们是 1995 年 3 月 14 日乘"联盟 TM-21号"飞船进入空间站的，其中一位是美国宇航员诺曼·萨加德，他是第一位乘俄罗斯飞船踏上"和平号"空间站的美国人；其余两名是俄罗斯宇航员，他们是斯特列卡洛夫和迪祖诺夫。为迎接"亚特兰蒂斯号"来站会师，这两位俄罗斯宇航员曾先后 5 次出舱检查有关对接的准备工作，最后一次则是完全用双手重新配置对接设备，以保证对接的绝对成功。而美国宇航员萨加德则在舱内从仪表上密切注视工作进展的全过程。

　　这 3 位宇航员在太空生活已经有 110 多天了，特别是美国宇航员萨

美国"亚特兰蒂斯号"航天飞机与俄罗斯"和平号"空间站成功对接

加德，和两位俄罗斯宇航员在一起生活这么长时间，他本人虽然会讲一些俄语，但俄罗斯宇航员不会讲英语，他们之间无法很好交流，萨加德

不免感到有些寂寞，现在美国航天飞机"亚特兰蒂斯号"很快就将到达，机上有 7 位宇航员，其中有两名还是美国女宇航员，这怎么不令萨加德感到又兴奋又高兴呢！两位俄罗斯宇航员，也为对接感到很高兴。

对接成功后，空间站上的 3 位宇航员对从美国航天飞机上来的 7 位宇航员表示了热烈欢迎。按照俄罗斯风俗，俄罗斯宇航员用面包和盐招待美国宇航员，而航天飞机上的美国宇航员则带去了佛罗里达州的鲜花和水果。欢迎仪式结束后，宇航员们忙着从航天飞机上卸下实验设备、食品、饮用水和其他补给用品，并搬入空间站；同时又把在"和平号"空间站上完成的实验样品搬到航天飞机上，以便带回地面。然后 10 名宇航员又联合开始空间人体医学实验等工作。

7 月 4 日，美俄宇航员太空相逢，共同完成 5 天的考察任务后，"亚特兰蒂斯号"航天飞机敞开的货舱内对接系统中的弹簧被启动放开，平稳地把航天飞机推离"和平号"空间站底部，进而使它缓缓漂移，距离拉开到 210 米左右，与"和平号"空间站顺利分离，恢复了各自的独立飞行状态。

但是两座航天器上的成员则有了新的调整，原来在"和平号"空间站工作的俄罗斯宇航员斯特列卡洛夫和迪祖诺夫乘航天飞机返回地球；而原来乘坐"亚特兰蒂斯号"航天飞机上天的两名俄罗斯宇航员索洛维耶夫和布达林，则通过"联盟 TM-21 号"飞船进入"和平号"空间站，接替前两位俄罗斯宇航员的工作；那位原来在空间站工作的美国宇航员萨加德，这次也乘航天飞机回美国了。所以航天飞机上的乘客比来时多了一位——变成 6 位美国宇航员、2 位俄罗斯宇航员。航天飞机怀着依依不舍的惜别之情，围绕"和平号"飞行一圈，然后才启动发动机，踏上归途。他们与留在"和平号"上工作的两名俄罗斯宇航员隔窗相望，招手告别。

7 月 7 日，"亚特兰蒂斯号"在飞行 10 天、行程 610 万千米之后，顺利返回地面。第一个搭乘俄罗斯飞船上天、这次转乘美国航天飞机返航的美国宇航员萨加德，在太空共滞留 115 天，打破了在美国天空实验

室的第三批 3 名宇航员保持了 11 年的 84 天飞行纪录；美国航天飞机第一次起飞时载 7 人而返回时载 8 人，太空飞行过程中同时乘载 10 名宇航员。这是美国和俄罗斯两国航天器 20 年后规模较大、连接时间较长的一次联合飞行，创造了一系列新的纪录。美国国家航空航天局局长丹尼尔·戈丁称："这次对接开创了美俄太空合作的新纪元，为今后 10 年建立国际空间站奠定了基础。"

83　树林中的培训中心

——宇航员的摇篮

俄罗斯莫斯科市东北 60 千米处有一个小镇星城，1960 年 10 月在这里成立了世界上最大的宇航员培训中心。它掩映在一片桦树和松树林里，长期蒙上一层神秘的面纱。

截至 1996 年底，这个中心在过去的 30 多年里，共培训了 300 多个宇航乘员组，其中 48 个是有外国宇航员参加的国际乘员组。在这些培训的乘员组中，有幸参加航天飞行的宇航员，苏联、俄罗斯占 86 名，其他国家占 25 名。

星城是苏联载人航天活动的摇篮。城中矗立着世界上第一位宇航员加加林的塑像。整个星城占地 500 公顷，分工作区和生活区两大部分。这里坐落着 10 多幢新颖别致、形状各异的建筑物，居民 3500 多人，除宇航员及其家属外，还有各行各业的服务人员。星城宇航员培训中心的任务，是模拟太空条件训练宇航员适应太空失重情况，掌握宇宙飞行中各种机械和仪器的性能，准备驾驶宇宙飞船到太空翱翔。

这座宇航员培训中心最初仅有一座技术大楼和餐厅等几间简陋的房

子。经过 30 多年的建设和发展，现已初具规模，最引人注目的是工作区的训练设施，包括宇航员训练大厅、水下训练池、离心训练室和空间实验室，还有一座航天博物馆。

宇航员训练大厅有三层楼房高，长 150 米，宽 30 多米，庞大的"礼炮号"、"和平号"空间站及其对接的"联盟号"飞船模型就安放在这里。它们与在太空飞行的航天器实物完全一样，专供宇航员上天之前了解和掌握各种设备的性能和操作规程。

水下训练池是一个长 23 米、深 12 米的圆柱形水池，容积达 5000 多立方米，能容纳"联盟号"飞船和"礼炮号"或"和平号"空间站的对接联合体。在训练池中利用水的浮力模拟太空失重条件，训练宇航员爬出舱外活动的能力。宇航员穿上潜水服在水下练习进出飞船，从事修理、模拟舱外作业等。宇航员一天要

星城宇航员培训中心在培训宇航员

在水下训练 6 小时，至少 50 天后才能具备上天飞行的本领。通过水池的舷窗，可以看到宇航员练习进出空间站训练操作的情况。

离心训练室安装有一座直径为 7 米的普通离心加速器和一座直径为 17 米的大型离心加速器，宇航员要在离心机上进行能耐 14 个重力加速

度的试验训练。

空间实验室则用作宇宙生物医学试验，模拟研究太空条件对人体细胞新陈代谢和遗传方面的影响。

航天博物馆内陈列着宇航员最初的座舱、宇航服、宇航食品以及宇航员历次飞行的实物和照片，供人们参观，了解航天活动的艰辛和效果。

此外，星城宇航员培训中心还附设有一座大型机场，宇航员要在这里经过驾机训练和机载失重实验。在具备各项基本条件的情况下，培训一名宇航员一般需一年至两年的时间。星城已闻名遐迩，宇航员从这里打开了通向太空的大门。

84　谁最有希望

——第一批宇航员的选拔

1957 年苏联人造地球卫星发射试验成功后，航天总设计师科罗廖夫即宣称："载人宇宙飞船离开地球到遥远的太空，在茫茫宇宙航行的时代就要到来了！苏联一系列人造卫星的成功发射，将为地球和宇宙架设起一座坚固的桥梁，通向宇宙的路开通了！"

于是，人们议论纷纷：谁最有希望成为第一批宇航员？是潜水员，还是医生，抑或是飞行员？这是一个十分棘手的难题。两年后的 1959 年，宇宙飞船快要研制成功之时，这个问题还悬而未决。究竟选择哪种职业的人来当宇航员合适？对预备宇航员的健康状况有什么医学标准？由哪一个机构来初选宇航员？这些问题摆在人们面前。

太空飞行，首先要求宇航员精力充沛，体魄健壮。那时对宇宙中的

真空环境、大幅度的温度变化、有害的辐射、危险的气候等，还了解甚少。刺耳的噪音、剧烈的震动、发射入轨和着陆时形成的超重、太空长时间的失重等，这些在宇宙飞行中不可避免的现象，以及飞船上的人工环境、活动有限的座舱、推力猛增和减小、密封服带来的不便、太空飞行神经的高度紧张等，都是宇航员必须适应或解决的问题。

苏联科学家通过生物试验取得的研究成果，尚不足以用来正确评价太空各种因素对人的肌体的影响。在宇宙飞船上，宇航员要按照计划对周围进行观察，与地面保持双向联系，监督仪器工作，必要时还要干

苏联宇航员培训中心在选拔宇航员

预飞船自动操纵系统。最初的太空飞行只有单座飞船，因此首批宇航员必须是多面手，既能当飞船驾驶员又能作领航员，既是工程师也是报务员，对太空发生的任何情况都能应付自如，遇到紧急情况能沉着冷静，迅速排除故障。科罗廖夫认为，只有喷气式战斗机飞行员最适合担当宇航员从事航天活动。

根据科罗廖夫的意见，苏联制定了世界上第一个宇航员健康检查标准，宇航员的选拔对象是飞行员和飞行工程师，条件是：年龄不大于35岁，体重轻于70千克，身高不超过175厘米，适应长期飞行的太空环境。第一批对206名人选进行了全面细致的健康检查。在莫斯科航空

医学科研中心医院，这些应选预备宇航员的体检分为两个阶段。第一阶段按照对战斗机飞行员的健康要求进行检查，特别是要认真观察预选宇航员对适度缺氧的反应情况；第二阶段——进行各种超负荷试验，进一步观察预选宇航员对中度缺氧的承受能力和对大幅度减压的适应能力，还要接受离心机实验，以测定其头部承受超重的时间，在各种干扰下的工作能力以及反应能力。1959 年 10 月 19 日，加加林在进入高压气舱进行测试之前，脉搏次数为 72 次/分，动脉血压 110/68 毫米水银柱，在模拟 5000 米高空环境中的心脏收张频率达到 88 次/分，动脉血压没有变化，面部表情和行为跟平时一样，在接受离心机实验时也是如此。像加加林这样，最后有 29 人顺利通过了中心医院的健康检查，其中 20 人于 1960 年 3 月被送到星城宇航员培训中心接受系统而严格的训练。第一批宇航员就这样诞生了。

85 "宇宙哥伦布"胜利返航

——加加林进入太空飞行

1961 年 4 月 12 日早晨，苏联宇航员尤里·加加林乘坐"东方 1 号"飞船飞上太空遨游，开创了载人航天的新纪元。人们称他是"宇宙哥伦布"，赞颂他率先征服太空建立的伟大功绩。

加加林 1934 年 3 月 9 日出生。正是这一年，齐奥尔科夫斯基提出了关于宇宙航行生命保障方面的技术设想。而加加林还是小学生时，就对妈妈说："我长大要当飞行员！"这一戏言实际上成为加加林梦寐以求的理想。在中学时期，加加林在物理老师的指导下，贪婪地阅读描写齐奥尔科夫斯基和介绍宇航学说的书籍。后来在萨拉托夫中等工业学校学

习期间，又参加了航空俱乐部。1955 年毕业后被奥伦堡空军学校录取，正式参加飞行员队伍，实现了自己的理想。

当苏联发射第一颗人造地球卫星的消息传出后，加加林预感到载人上天的日子就快到来。1959 年 10 月，25 岁的他即申请参加宇航队伍，并如愿以偿。

在第一批宇航员的训练中，加加林表现突出。理论学习成绩优秀；篮球场上，他生龙活虎；飞行跳伞，他技术超群；难熬的长期绝音室生活，他情绪平稳；令人眩晕的离心机实验，他能坚持到最后；还有他接受耐热实验的表现，更令人折服。

加加林坐在小小的高温室里，温度不断升高，开始，他用毛巾不停地擦汗，接着脸上出现盐花，耳朵疼痛难忍，口腔和鼻腔中的黏液已全部蒸发，奇渴难熬，血液在太阳穴奔涌。

最后，似乎一切都从体内蒸发了，滚烫的衣服贴在皮肤上，全身都痛极了。

医生关切地问加加林："是不是要降温？"加加林坚持着回答："不，不要！"

当加加林在高温室中坚持到 100 分钟时，室内温度已上升到 70 摄氏度，他双手抓住扶手，让自己去想瀑布、冰山、严寒，从想象中去获得一丝凉爽。他终于坚持到实验结束，从高温室走出来时，体重减轻了 1380 克。

总设计师科罗廖夫很快就注意到加加林的这一切表现，他成为被从 6 人小组中推荐出来进行航天飞行的第一人。

加加林首航太空的道路并不是平坦的。就在他飞向太空前 20 天，他的同伴瓦连京·邦达连科在训练中因飞船密封舱内失火而丧生；再往前半年，在拜科努尔发射中心，一枚洲际火箭试验发生爆炸，夺去了 74 名军官和技术人员的生命。加加林在登上宇宙飞船之时，虽然面带笑容，但却仍然担心此行凶多吉少，因为首次航天飞行的未知因素太多，失败的可能性几乎要占一半。

乘坐在"东方1号"飞船上的加加林

在发射台的平台上，科罗廖夫把手放在加加林的肩上说："你真是个幸运儿，将从那么高的地方观察地球，也许是很美的。可是发射和飞行不会很轻松，既要经受超重，又要经受失重，还可能遇到未能预料的东西……"加加林双眼注视着天空，沉思着。

发射时间到了，透过火箭的轰鸣声，听到了加加林欢快的声音："走吧！"

不久，又从太空传来加加林的声音："多美啊！"人进入太空的第一次飞行一切顺利，但在返回时却遇到麻烦。

在这次飞行中，加加林不得不面临一场本来会使他无法返回地球的灾难。由于密封舱不能按计划与服务舱分离，密封舱开始失去控制而旋转。这种可怕的情景持续时间长达10分钟。如果密封舱不能与服务舱分离，加加林乘坐的密封舱就会在重返大气层中烧毁。加加林在这揪心

的 10 分钟内，在舱内不断旋转打滚，忍受着头晕目眩的折磨，最后排除两舱不能分离的故障。当密封舱降到离地面 7000 米高度时，加加林弹出座舱，乘降落伞实现软着陆，安全回到地面。

世界上第一位宇航员在环绕地球的轨道上飞行一圈，历时只有 108 分钟，但却表明人类宇宙航行时代已经到来。

"宇宙哥伦布" 胜利返航了！

86 "跳冰棍" 也是成功

——航天是勇敢者的事业

1961 年 4 月 12 日，苏联首先把宇航员加加林送进了太空。这时，美国把人送进太空的火箭和飞船还没有准备好。为了挽回面子，美国急急忙忙硬着头皮于 5 月 5 日把宇航员艾伦·谢泼德垂直地送上 185 千米高空，在太空的时间只有 4 分钟，发射 15 分钟后又垂直地落在大西洋海面上，被人讥讽为 "跳冰棍"。可对谢泼德来说，这是一次勇敢者的飞行。因为当时美国的火箭还很不可靠，据统计，发射成功率最多只有 50％，这就是说，谢泼德有 50％ 的可能会死去，所以当时许多美国人都感到疑惑不解，谢泼德到底是用什么材料制成的人？敢于坐在火药桶一样的火箭顶端，泰然自若地等待别人点火，去经受随时都可能发生大火爆炸的危险？！

平时，人们都是一面开车，一面收听广播。可是在谢泼德起程的时候，那时正值早晨交通高峰时刻，跑在公路上的汽车几乎都停开了，人们都在全神贯注地收听火箭起飞的轰鸣声。谢泼德平安地归来后，顿时成为美国人心目中的英雄，他家乡的人更欣喜若狂，想立即把坦里市改

名叫"宇宙城"。正是谢泼德表现出来的勇敢献身精神，使美国总统在20天后批准在10年内把人送上月球的"阿波罗计划"。也正是谢泼德的超人气概深入美国人心，使国会和老百姓一致支持总统的号召。宇航局要什么，国会就给什么，而且随要随给；老百姓甘愿作出巨大的牺牲，承担着高昂的费用。

但是，谢泼德不幸在两年后患上了美尼尔氏综合征，有时耳鸣、听觉不灵和头晕，因而停止了太空飞行事业。但他始终没有停止过希望。1968年，医生把

美国第一位宇航员谢泼德

一片薄片和两厘米多长的细管子植入谢泼德的头部左边，治好了他的美尼尔氏综合征。于是，他立即再次投身航天事业，以"阿波罗14号"飞船指令长的身份参加训练。

在"阿波罗13号"飞船登月失败，宇航员死里逃生9个月以后，在许多人还心有余悸的时候，谢泼德率领罗塞和米切尔乘"阿波罗14号"飞船于1971年1月31日开始作登月飞行。但在升空三小时后调整飞船各部位的次序时，经过五次努力，指挥舱和登月舱都衔接不起来，眼看就要放弃登上月球的计划了，好在第六次努力成功了。

2月5日，谢泼德和米切尔乘登月舱向月面降落。这时，一个开关突然发出停止下降的信号。怎么办？在地面导航专家的帮助下，弄清楚这是一个虚假信号。经过地面上的模拟试验，确定了解救对策。谢泼德和米切尔成功地执行了解救对策，飞船按计划程序下降。降落后发现，制动火箭只剩下够一分钟用的燃料了，要是再耽搁一会儿，飞船就会摔

落在月面上。真险啦！又是谢泼德的沉着冷静，使"阿波罗 14 号"飞船胜利地完成了登月任务。

谢泼德等人这次成功的登月飞行，使美国人不仅恢复，而且大大增强了载人航天飞行的信心。美国宇航局代理局长说："谢泼德和'阿波罗 14 号'飞船其他宇航员不仅使我们看到人类能够做什么，而且还给我们看到了人类将来能做什么的前景了。"

开拓，这就是谢泼德的事业——勇敢者的事业。在航天事业不断发展进步的过程中，是需要人们奉献出勇敢和牺牲精神的。

1998 年 7 月 22 日，美国第一位冲击太空的宇航员艾伦·谢泼德在他登上月球 37 年之后，因患白血病不治而与世长辞。美国总统克林顿盛赞他为宇航事业作出的卓越贡献，他说："谢泼德带领我们国家和人民迈出了我们星球的界限，真正跨越了新世界，从而使我们进入太空探索的新时代。"

87　进入敞开的宇宙空间

——第一次太空行走

苏联宇航员阿列克谢·列昂诺夫于 1934 年 5 月 30 日出生在西伯利亚的一个矿工家庭。在 6 岁时他就想飞上天空旅行。他 18 岁考入军事航空学校，5 年毕业后就驾驶"米格 15"战斗机执行飞行任务了。

1958 年，他应召参加宇航员角逐，从 3000 名报考的飞行员中入选宇航员队伍。1960 年 3 月，苏联第一批 24 名宇航员被送到莫斯科郊外的契卡洛夫斯基机场接受训练，列昂诺夫与加加林等成为向太空挑战的先驱者。他们的首要任务是提高跳伞技能，因为早期的宇宙飞船没有降

落装置，只能像战斗机发生意外事故那样，在距地面 4000 米时从飞船座舱中弹出，然后张开降落伞着陆。

在一次跳伞训练时，突然一阵狂风袭来，将列昂诺夫和另一位宇航员别利亚耶夫的降落伞吹得绞在一起，他的同伴摔坏了左腿，因而失去了成为前 6 位进入太空的宇航员的机会。列昂诺夫虽然安全着陆，但由于他的身材稍高，不适合乘坐"东方号"飞船狭小的座舱，在前 6 位宇航员中也没有他的位置。

自 1961 年苏联加加林乘飞船升入太空以后的 5 年当中，宇航员在太空停留时间从 1 天增加到 10 多天，从单独 1 人增加到 3 人，甚至多艘飞船编队飞行，但却还没有尝试过人到飞船外面进行太空行走。

列昂诺夫说，早在 1961 年苏联的航天总设计师科罗廖夫就向他提起过在太空行走的设想。他回忆起有一天，科罗廖夫对他说："我的雄鹰，我将要求你穿上宇航服到敞开的空间去，看看你是否能完成这一任务。"科罗廖夫说的话给列昂诺夫以极大的鼓舞，在此后的两年半时间里，列昂诺夫每天都要在增设加压舱的"东方号"飞船中训练，积极准备太空行走。

1965 年 3 月 18 日，科罗廖夫决定让列昂诺夫和别利亚耶夫去作一次冒险飞行。这一天，列昂诺夫和别利亚耶夫两人乘坐"上升 2 号"宇宙飞船，进入近地点 173.5 千米、远地点 497.7 千米的轨道上飞行。列昂诺夫穿上宇航服，关闭了飞船舱门，进入加压舱，经过 50 分钟的适应后，系上与飞船相连结的安全带，走入位于黑海上空的外层空间，进行人类第一次太空行走。这可是人类第一次在茫茫的宇宙空间中行走，不免令人毛骨悚然，惊险异常。列昂诺夫在太空中看见地球，兴奋异常，但在结束太空行走时，由于宇航服宽大而臃肿，费了很大力气才返回到加压舱，然后回到座舱打开头盔，脱掉宇航服。这时，他眼前一片模糊，全身浸透汗水，虽然只是 12 分钟的太空行走，却使他感到疲劳极了。

当"上升 2 号"飞船返航时，曾发生飞船轨道舱和着陆舱的电缆未

第一位在太空行走的苏联宇航员列昂诺夫

能及时断开的危险。列昂诺夫和别利亚耶夫一起，驾驶飞船着陆舱直奔大地而来。座舱降落在两棵大杉树之间，降落伞缠在树杈上，未能伸展开，幸好座舱平安无损。当他俩打开舱门时，才发现自己身处乌拉尔的茂密森林里，此地偏离计划着陆点彼尔姆160千米，一时间与航天中心联系不上。

两天以后，派来寻找他俩的一架直升机发现了他们，救护人员在雪地里走了20千米才找到这两名宇航员。这时他们都几乎要冻僵了。

列昂诺夫和别利亚耶夫被救出，虽说惊险有加，但总算完成了一次惊心动魄的太空之行。

88　遨游地球三圈

——美国第一位进入轨道的宇航员

在苏联宇航员首先遨游太空十个多月以后，第一位美国人终于要绕地球飞行了。1962年2月20日，宇航员约翰·格伦平躺在"水星6号"飞船的密封座舱里，平静地等待火箭升空。格伦对"等待"已经非常习惯了。为了这次飞行，他已等待了3年；而这次发射，又因延期而等待了10次。最初是天气不好，后来又是发动机故障等等。有一次竟让他在座舱里等了5个小时。这是第11次等待。随着倒计时数到零，火箭终于喷出了黄白色的火焰，但足足有4秒钟，火箭像生了根一样，待在发射台上不动，是不是又要……突然，火箭一跃而起，进入明亮的蓝天。

"我们起飞了！"格伦报告说。接着，不断从太空传来格伦的声音。

"飞船与火箭分离了。"

"火箭在我下方翻滚。"

"飞船正在旋转。"

"啊，星星像嵌在黑色天鹅绒上的钻石，它们跳跃着向我飞来。"

"太空真大，无边无际。"

"我把照相机放在空中，可以撒手不管。"

"啊，多么壮观的地球景色，美极了。"

"谢谢你们，谢谢你们为我开亮了灯！"

原来，在格伦夜晚飞过澳大利亚柏恩城上空时，那里为他打开了所有的电灯。

在格伦绕地球飞行的三圈中，也经历了不少险情。在第一圈时，一台姿态控制发动机出现故障，格伦只好用手操纵去代替它。在第二圈时，其余的姿态控制发动机也出了故障，飞船滚动起来，如果得不到控制，必须立即终止飞行，但是

美国宇航员格伦乘坐的"水星6号"飞船

格伦再次用手操纵，成功地稳定了飞船。在第三圈时，他遇到了更大的危险。地面指挥中心收到飞船发出的报警信号，防热罩松动了。要是防热罩脱落，在返回地球时，飞船与空气剧烈摩擦，格伦会被烧成灰烬。

怎么办？地面上决定，返回时制动火箭用完后不扔掉，用连接制动火箭与密封座舱的三个金属箍来紧固防热罩。格伦用手操纵，完成了返回程序。在返回途中，他看到一个大火球划过舷窗，以为是脱落的燃烧着的防热罩。他明白这预示着危险在向他袭来，但仍然像没事一样说：

"好家伙，多大的火球！"好像他是一个无动于衷的旁观者。不过，只有到他看见降落伞张开了的时候，他才觉得自己安全了。因此他后来说，降落伞的张开是他生平看到过的最美丽的一景。这是因为降落伞的张开系着他的命呀！

实际上，地面指挥中心收到的防热罩出现松动的报警信号是虚假的信号，防热罩并没有松动，更没有燃烧着往下掉，格伦通过舱窗看到的那个大火球，是与飞船脱离后的制动火箭。当然，在从太空中返回地球时，防热罩也被空气的剧烈摩擦而烧得炽热，所以在它溅落到大西洋中时，大量海水被化成了蒸汽。

不过，总算一切惊险都成为过去，格伦在太空遨游三圈以后，安全地到了救援舰上，他依然安详镇静。稍后，他说："一想到太空的浩渺无垠，我感到我们的成就确实显得很渺小。如果把地球按比例缩小到两米直径的话，那么我只飞到这个地球上空的3.3厘米！"

话虽如此说，但格伦作为美国第一位实现太空飞行而且安全返回的宇航员，无论是在美国，还是在全世界，仍被看做是航天史上的一大突破。

值得大书一笔的是，36年之后，年已77岁高龄的格伦，又一次进入航天飞机，做生理实验性的太空飞行，他的精神受到人们的赞赏！

89　"我看见地球了！"

——一位纺织女工出身的宇航员

1963年6月16日，苏联"东方6号"飞船升空。飞船上的指令长是瓦莲金娜·捷列什科娃，她是世界上第一位女宇航员，这次她到太空

遨游，在航天史上展开了新的一页。

捷列什科娃 1937 年 3 月 6 日出生。她从技校毕业后进入轮胎厂做工，后转到母亲所在的纺织厂。她从小爱好体育运动，除游泳、滑雪外，特别喜欢跳伞。她从反映空军英雄事迹的小说中受到教育，在选择人生道路上决心要当一名飞行员，为此报名参加了航空俱乐部的跳伞队。虽然她第一次参加跳伞就降落在伏尔加河上，但她心里仍有说不出的喜悦，因为她再也不怕从飞机上跳伞了。她把自己紧紧地与蓝天白云系在一起。1961 年 4 月 12 日，当加加林登上太空的消息传来时，捷列什科娃兴奋异常，心想：为什么不当一名女宇航员呢？于是她给全苏支援海陆空志愿协会写了一封信，表示自己的强烈志向和决心。想不到年底就接到通知，要她到莫斯科接受检查和测验。经过严格选拔，捷列什科娃和另外 4 位姑娘被录取，选入宇航员队伍。

苏联第一批宇航员都是从飞机驾驶员中选拔的，而捷列什科娃只是一名纺织女工，没有驾机经历。因此在两年时间内，她需要先接受严格、紧张而艰苦的驾机训练，学会驾驶多种型号的飞机，熟悉飞机上的复杂机械和仪表，然后训练掌握宇宙飞船的有关技术和性能。训练中，最难受的是适应太空环境，特别是失重训练。捷列什科娃认准方向，勇往直前，克服困难，接受考验，在受到挫折时从不流泪，最后不仅学会了驾驶各种喷气式战斗机和运输机的本领，而且也掌握了操纵宇宙飞船的技能。

捷列什科娃成为一名合格的宇航员，被任命为"东方 6 号"飞船的指令长。1963 年 6 月 16 日，她乘飞船升空，只见她全神贯注，一丝不苟，有条不紊，在飞行中紧张实验，记下观看到的情况和实验数据。她兴奋地向地面控制中心报告说："我是海鸥，我看见地球了，我们的地球美丽极了！我看到的星星大极了，光芒四射，刺得人都睁不开眼睛。"捷列什科娃从太空看地球，觉得地球上的各大洲都有自己的颜色，山脉、河流、海洋，都看得很清楚，而天上的星星就像在眼前，显得近多了。

在这次太空飞行中，捷列什科娃着重研究了宇宙飞行的各种因素对妇女的影响。按计划，她只需飞行 24 小时即返回地面，由于她自我感觉良好，经向地面控制中心请示，延长到 3 昼夜。

飞行第二天，她同贝科夫斯基驾驶的"东方 5 号"飞船在轨道上进行编队飞行，互相摄影，对地球表面、云层、月球、太阳及其他星球拍照，完成预定的生物医学和工艺实验任务。捷列什科娃表现出惊人的毅力和高超的技巧，在太空飞行 71 小时，绕地球 48 圈，航程 200 万千米。6 月 19 日她驾驶飞船穿过稠密大气层，

纺织女工出身的苏联宇航员捷列什科娃

打开降落伞安全着陆。这是她的第 163 次跳伞，但这次不是从飞机上而是从飞船上跳伞了。

这位纺织女工出身的宇航员，后来在回忆这次具有历史意义的航天飞行时，满怀深情地说："我稳坐在宇宙飞船的密封舱内，没有想自己的家，也没有想是否能返回地球，我脑子里装着未来 24 小时内承担的使命和责任：摄影、拍电影、做各种科学实验。但是，最值得一提的是，当我在太空中看到无比壮观的地球时，实在抑制不住内心的激动，我对它产生了深深的眷恋。我向这颗美丽的星球提出延长在太空逗留的时间，地面批准我继续绕地球运行，飞行 70 小时 50 分钟后返航。这次飞行是我一生中最大的幸福。"

90 航天准备不充分的代价

——科马罗夫太空殉难

1966 年 1 月，在完成"东方号"和"上升号"载人飞船的任务之后，苏联航天总设计师科罗廖夫因病逝世，这一不幸使苏联的载人太空飞行停顿了一年。苏联新任航天总设计师瓦西里·米申继续执行"联盟号"飞船的研制发射计划。

苏联对载人飞船的研究，都是先从无人驾驶飞船试验开始。1966 年底，由米申主持研制的第一艘无人驾驶的"联盟号"飞船发射入轨后，由于飞船上发动机工作不稳定，飞船无法改变方向，同样也无法脱离运行轨道。在返回时，总算减缓了飞船的速度，但降落轨道的弧度不够，结果越过苏联国境，在此情况下，只好指令船载专用系统将飞船炸毁。

第二艘无人驾驶的"联盟号"飞船在发射时，由于运载火箭自动系统在点火前数秒突然发生故障，随后火箭爆炸而失败。

在此之后又进行第三艘"联盟号"无人飞船发射和飞行，这次飞行基本上获得成功，但返回时船体烧穿一个窟窿，出现一点小故障，还好对整个飞行没有造成影响。

虽说三次无人驾驶飞船的实验两次失败，一次勉强成功，但苏联却匆忙决定于 1967 年用"联盟号"飞船作载人飞行，这真是一次冒险的实验。

4 月 23 日，"联盟 1 号"飞船载着宇航员科马罗夫升空，并顺利进入轨道。当"联盟 1 号"飞行到第二圈时，突然出现了故障。科马罗夫

报告说，他在飞行中感觉良好，一些参数正常，但左边的太阳能电池板没有打开，使得飞船上的电能供应仅达正常值的一半。无线电短波发射机没有工作，但超短波发射机工作正常。科马罗夫驾驶飞船的左边朝向太阳，如能打开这侧的太阳能电池板，电能的供应就会得到改善，但这一努力没有成功。于是，地面指挥中心决定提前停止"联盟1号"的太空飞行。这时，科马罗夫报告，航向标突然失灵，发动机制动开关未能启动，未能按要求时间返航。但是飞船必须结束飞行，这只能靠宇航员的手动操作来启动制动开关了，而且这项工作必须在晚间进行，因为如果到白天降落，飞船就要落到苏联境外。地面指挥中心根据两年前别利亚耶夫曾在夜间靠手动操作使"上升2号"飞船安全降落的情况，于是指令科马罗夫立即进行手动操作，驾驶"联盟1号"夜间返航。

"联盟1号"飞船在24日开始降落。科马罗夫准确地校正航向，沉着地驾驶飞船向奥伦堡州的预定地点降落。返回舱也在预定时间脱离，但地面指挥中心突然发现，他们与宇航员失去联系。地面人员迅即登上"伊尔18"飞机，朝着飞船预定降落地点飞去，经过寻找，飞机发现"联盟1号"飞船的返回舱已经坠毁，宇航员科马罗夫也已遇难身亡。

后来塔斯社报道说，这次载人太空飞行发生不幸，是因为降落伞缆绳缠到一起。其实，飞船的两个降落伞一个都没有打开，才酿成这起惨祸。返回舱落到地面时起火，科马罗夫被活活烧死在舱内。但人们一直不相

在航天飞机中遇难的苏联宇航员科马罗夫

信这一消息，都以为宇航员既然已经驾驶"联盟1号"飞船进入大气层，也一定会安然无恙地着陆。所以有一段时间各种传说不胫而走，说

科马罗夫还活着，有的说落在保加利亚，有的说隐藏在联邦德国，实际上科马罗夫的骨灰已葬在克里姆林宫的墙头。后来少先队员还在出事地点找到他的一些遗骨，就地安葬，以怀念这位航天英雄。

准备不够充分的实验，难免要付出代价。

91　"我以我的中国血统为荣"

——第一位华裔宇航员

王赣骏博士是第一位进入太空飞行的华裔宇航员。1985 年 4 月 29 日，美籍华人科学家王赣骏与 6 位美国宇航员一起，乘美国"挑战者号"航天飞机升空，进入离地面 350 千米的太空轨道，战胜困难，排除故障，完成太空实验任务。5 月 6 日，当他载誉返回地面时，十分自豪地说："别人能做的，中国人也能做，我以我的中国血统为荣。"

王赣骏 1940 年出生在江西省，在上海度过童年。10 岁时随父母去台湾。1963 年赴美国求学，毕业于洛杉矶加利福尼亚大学。1971 年获博士学位。1972

第一位华裔宇航员王赣骏

年开始在著名的帕萨迪纳喷气推进实验室工作。

1974 年，王赣骏提出一个太空实验课题。1983 年被美国国家航空航天局采纳，并且因为考虑到这个实验必须由提出的科学家本人操作，

所以让他先接受宇航飞行训练，准备参加航天飞机的太空飞行。通过航天训练的要求后，王赣骏就带着自己的实验课题和实验仪器登上了"挑战者号"航天飞机。

在7天的太空飞行中，王赣骏用自己设计的"液滴动力学测定仪"，在太空中进行一项零重力液体状态实验，即液体在无地心引力和无容器状态的动态研究。在地心引力作用下，无法实际了解液滴在没有重力时的物理现象，过去有人在理论上给以阐述，但从未经过实验证实。随着航天技术的发展，科学家终于可以摆脱地心引力的干扰和容器污染的影响，在太空进行实验，取得理想的效果。但在最初阶段，科学家仅能在太空中求得瞬间的无重力情况，由于时间短暂和客观环境的限制，仍然不能得到令人信服的结论。因此，王赣骏的这项课题得到美国国家航空航天局的支持。这个实验的目的是，利用在太空这样一个失重的环境，使一滴液体不装在任何容器内，用各种方法测试它，看会表现出一些什么物理的和化学的性能特点。科学家之所以想搞清楚这里面的问题，是因为在地球上，有重力作用，不管什么物质都必须放在容器里才能进行冶炼，这样就免不了会有杂质混进容器中，哪怕杂质只有很少一点儿，也不符合要求。因此科学家们从理论上认为，如果是在失重的太空环境里，任何液体都会自己凝聚成一滴，这样就可以进行不需要容器而提纯或进行合金的冶炼，从而得到理想的高度均匀的物质。王赣骏的实验课题，就是希望能通过这个实验对这种理论加以实践的检验。

王赣骏为这次实验准备了10年。在太空实验开始时，王赣骏设计的测定仪自动压缩的注射器在两根探针之间滴注出半径为0.3～1.5厘米大小的水滴和硅滴，任其在无重力环境下自由悬浮，探针用来控制水滴的大小。然后测定仪中的声波箱发射出三个不同方向频率和振幅的声波，来控制这些悬浮的液滴，使之旋转和运动，电子计算机则记录下液滴运转及变形的状态。由于液滴内加有色素，王赣骏可以借渗入液滴中的色素观察水滴或硅滴内一系列细微变化，并用摄影机录制下来。但在实验中，液体测定仪突然发生故障，王赣骏心想："第一个上太空的中

国人不能失败,我一定要把它修好,争这口气。"他立即与地面的助手取得联系,把仪器几乎全部拆卸了一遍,用了两天零 8 小时,终于找出了故障的症结,原来是一个线路短路。当故障排除后,王赣骏立即抓紧剩余的有限时间进行实验,每天工作达 15 小时,取得了大量宝贵的数据,实验十分成功。这项实验的结果可应用在太空中制造高纯度的金属及非金属材料,为未来建立太空工厂开辟了道路。

这次太空飞行绕地球 110 多圈,14 次飞过中国上空。王赣骏深情地说:"在太空中看到的地球景色漂亮极了。飞行的第 4 天,航天飞机从西南方向进入中国上空,我赶忙踏上跑步器原地跑步。7 分钟后,航天飞机从东北方向飞出中国,我成了从太空跑过中国大陆的第一个炎黄子孙,我高兴极了。每当航天飞机飞越中国上空时,我总要求其他宇航员把窗口留给我,我要好好看看中国大地,把它拍摄下来。"他拍摄了冰雪覆盖的喜马拉雪山、壮阔的长江入海口和碧绿翡翠般的海南岛。王赣骏在这次飞行中,还把一面五星红旗带上太空,充分表现出他那热爱祖国的一片赤子之情。

92 不是为创纪录

——罗曼年科太空飞行 326 天

1987 年 12 月 29 日,苏联宇航员罗曼年科在太空完成 326 天的长期飞行之后,乘"联盟 TM-3 号"飞船在冰天雪地的阿尔卡利克城附近降落,带着丰硕的考察成果安全归来。

罗曼年科是同年 2 月 6 日与宇航员拉维金一起,乘"联盟 TM-2 号"飞船升空的,这是他的第三次上天飞行。2 月 8 日他俩进入"和平

号"空间站，绕地球飞行 5200 多圈，做了大量的科学实验，提供了人类在太空长期生活中各种心理和生理的宝贵数据。

罗曼年科在"和平号"上停留期间，曾先后有"量子号"天文物理实验舱、"联盟 TM-3 号"和"联盟 TM-4 号"两艘载人飞船、6 艘"进步号"自动货运飞船上天对接飞行。

在"和平号"轨道联合体内，罗曼年科和拉维金两次离开座舱进入宇宙空间，第一次是为排除"量子号"与"和平号"不完全对接的故障，第二次是在舱外安装第三套太阳能电池板。这两次舱外活动共 5 小时 33 分钟。罗曼年科和其他宇航员一起，还完成了如下一些实验考察任务：确定苏联一些大城市，如奥伦堡、卡拉干达、哈尔科夫附近和切尔诺贝利核电站附近以及后贝加尔地区的环境污染情况，查明黑海地区的石油及天然气储量，勘查塔什干和布哈拉地区的牧场状况，观测乌克兰、中亚及伏尔加河流域农作物成熟的情况，对高加索山脉的地质结构

在太空飞行 326 天的苏联宇航员罗曼年科

进行空间摄影，在失重状态培育纯度极高的半导体材料，用电泳装置进行各种生物活性物质的分离和净化等，总共进行了 600 多项天体物理实验，130 多项地质物理实验，上百项工艺实验，近 170 项医学生物学实验。

当罗曼年科飞行 326 天后返回地面时，由于长期在失重条件下生活，人的脊柱松弛和拉长，罗曼年科身高长了 1 厘米，体重却减轻了

1.6千克，小腿体积缩小了15％。因此他刚回到地面时，还不能完全适应地球重力环境下的行走。虽然他的身体明显疲惫，但情绪很好。

罗曼年科参加第一次太空飞行，是在1977年至1978年，那一次他曾在"礼炮6号"空间站上生活96天，但返回地面后遇到适应地球引力的问题却比这次严重。他回忆10年前从太空返回地面的情景时说："当时我的两条腿像铅一样重，一迈步就出汗，还发生心悸现象。"而这一次完成326天的太空飞行后，罗曼年科就请求让他自己行走和进行锻炼，返回地面1天后，他就缓步行走了100米，两周后就完全恢复了正常。

在返回地面一个月后，罗曼年科接受了中国新华社记者的采访，兴奋地说起他在太空对中国的田野和城镇都看得清楚，中国的大河在入海处较浑浊，看到了中国的瑰宝万里长城。他还说，他在太空长征326天不是为创纪录，而是为检验人是否能长期在失重下生活，为人类登上火星铺平道路。

93　女性不比男性差

——女宇航员的一次长期飞行

叶莲娜·康达科娃是俄罗斯"能源"科研生产联合公司的一名女工程师，她有着坚定的信念和能力，一直向往太空飞行。在她37岁时，在捷列什科娃和萨维茨卡娅之后，成为俄罗斯第三位驰骋太空的女英雄。

1994年10月4日，康达科娃和俄罗斯宇航员维克多连科、德国宇航员默博尔德一起，乘"联盟TM-20号"飞船升空，开始一次创纪录

的宇宙飞行。她在升空前的记者招待会上说："女性在太空工作不比男性差。"这番话反映了康达科娃的性格特点：直率、坚强、刻苦、富有创造性和独立工作能力。她被选中参加这次航天飞行，完全是由于她具有很好的技术水平、体质状况和多年的培训成果。指令长维克多连科称赞她是一位出色的飞船工程师，能胜任最复杂的工作。

这次飞行原定在太空滞留 157 天，于 1995 年 3 月 9 日夜间返回地面，但实际上着陆时间延到 3 月 22 日，总计飞行 169 天才踏上归途，创造了当时女宇航员飞行时间最长的世界纪录。在她之前，女宇航员在太空工作的时间最长不过 10 天。

康达科娃作为女宇航员，在太空长时间工作，给宇航医学提出了许多新的难题。例如，每个宇航员每天在太空需消耗 2.5 升水，而从卫生角度考虑，女宇航员用水要多一些。因此，根据医生建议，每天多给康达科娃 1 升温水。康达科娃要同两名男宇航员在同一座空间站里生活近半年，有许多不便，需要创造一些专门条件，如在空间站上一般不使用淋浴器，以防水珠溅湿舱壁和仪器，宇航员一律使用一种像桑拿浴那样的干浴片，只能用湿毛巾擦身，但对这位女宇航员容许她额外使用一个专用浴盆。另外还有女宇航员专用的卫生间，也准许女宇航员随身携带一些化妆用品，如香水等。

好在这一切都是生活上的具体问题，并不影响康达科娃在太空中进行和男宇航员同样的工作。

康达科娃参加空间站的长期飞行，以她的随和、诚恳和善良，为空间站的工作创造了轻松和谐的氛围，把空间站变成了一个温馨的家。特别是在三八节这一天，两名男宇航员也放假一天，他们向康达科娃献了一束在站上培育的绿葱，代替鲜花，作为祝贺节日的礼物。康达科娃于 3 月 22 日成功地结束了这次非同凡响的太空飞行。

康达科娃 1980 年毕业于著名的莫斯科包曼高等工业学院，此后进入"能源"科研生产联合公司从事技术工作。1989 年被选入宇航员队伍，在星城宇航员培训中心经过 6 年培训，修完太空飞行的全部课程。

她的丈夫是曾经三次遨游太空的航天明星柳明，现在是"能源"科研生产联合公司的副总设计师。他们已有一个8岁的女儿。这是一个温馨幸福的宇航员之家。

94 "我想从宇宙俯瞰地球"

——日本第一位女宇航员

浩渺的宇宙，高深莫测。日本第一位女宇航员向井千秋勇于向宇宙挑战，于1994年7月8日搭乘美国"哥伦比亚号"航天飞机进入太空飞行。当她返回地球时，记者问她为什么要选择宇宙开发事业，向井千秋幽默地回答说："我想从宇宙俯瞰地球。"这句简单的答话透出向井千秋非同寻常的气魄。

向井千秋1952年出生在日本群马县。从小就养成大胆勇敢的性格，像个淘气的男孩。她的家乡是蛇虫出没的地方，她却不怕这一令人讨厌生畏的动物。她经常和男孩子一起捉蛇玩，喜欢观察蛇爬行的姿态，晚上还把蛇装进布袋里带回家，藏在床底。这样的经历对她的人生产生了一定影响。

上小学五年级时，她在一篇作文中表述了要当医生的志向。因为她的弟弟常年患病，看到父母为此操劳和弟弟的痛苦，她暗暗立下心愿：愿为病魔缠身的患者带来福音。向井千秋选择到东京上高中，以便将来顺利升入医科大学。她最终如愿以偿，18岁时进入著名的庆应义塾大学医学院，毕业后成为一名心脏外科医生，开始实现她梦寐以求的解除人们病痛的理想。

但是，在她30岁那年，已经与志同道合的在医科大学任教的丈夫

日本第一位女宇航员向井千秋

结合成一个幸福家庭的时候，向井千秋却毅然踏上了另一条更加艰辛的道路。1983年12月的一天，她下班休息时，无意中看到报上招收宇航员的广告，她经过考虑后萌生了当宇航员的念头。经过3年准备，她前往日本宇宙事业开发团报考宇航员。1986年11月，日本从533名报名者中吸收第一批宇航员，向井千秋技压群芳，成为3名女宇航员入选者之一。于是，她的人生出现新的转折，梦想将医学研究与神秘的宇宙飞行结合起来。

1987年，她先后赴美国约翰逊宇航中心、航天医学研究所接受航

天飞行技术训练，为飞上太空做了坚持不懈的准备和努力。当有人问她："长期离家接受如此高强度的训练，难道不感到苦吗？"她回答说："与其说苦，不如说是兴奋，从地球飞往宇宙，再从宇宙返回地球，是我的梦想，也是我一生的追求。宇宙飞行就像拍摄一部大型影片，我希望在这部影片中表现出自己的色彩。"

向井千秋终于等到了她上天的日子。她在这次太空飞行中，同 6 名宇航员一起绕地球 236 圈，航程 990 万千米，创造了航天飞机飞行 15 天的新纪录。她的主要任务是观察水生动物在太空的活动，用超声波探测脊椎动物在无重力状态下弯曲和拉伸的情况。这次带上天的有两对日本青鳉鱼、340 个青鳉鱼卵。在太空飞行 15 天后，日本青鳉鱼交配后产下的鱼卵孵化成形，向井千秋观察了太空微重力环境对生物繁殖过程的影响。

向井千秋带回了她参加太空实验的丰硕成果。

95 "我本人就是终生研究对象"

——在太空飞行时间最长的宇航员

俄罗斯宇航员瓦列里·波利亚科夫是一名医生，是迄今在太空一次飞行中停留时间最长的人。他 1942 年 4 月 27 日生于图拉市。1965 年从莫斯科诺切诺夫医学院毕业，获医学副博士学位。1971 年 10 月进入医学生物学研究所，多次负责"联盟号"飞船与"礼炮号"空间站载人飞行的医疗保障工作。1972 年被选入宇航员队伍，开始准备航天飞行。

1988 年 8 月 29 日，波利亚科夫作为一名医生，同指令长利亚霍夫、阿富汗宇航员阿卜杜勒·穆罕默德一起，第一次乘"联盟 TM-6

号"飞船升空飞行。在"和平号"空间站上，他先后同空间站上的两组乘员携手合作，共同开展太空实验活动。1989 年 4 月 27 日乘"联盟 TM-7 号"飞船回到地面，首航太空就在轨道上飞行 239 天。

1994 年 1 月 8 日，他与同伴阿法纳西耶夫、乌萨乔夫一起，乘"联盟 TM-18 号"飞船第二次进入太空飞行。这一次飞行前由于宣传上已经报道说此次飞行要打破 366 天的太空飞行纪录，一开始就引人注目。而对于波利亚科夫来说，两度飞往太空，比较起来，要求停留时间最长的这次要难得多，令他最难受的是，结束飞行的期限很久都没有确定下来，因此觉得很难熬。他的最大收获是发现人的潜力要比想象的大得多。

当然，这次停留时间最长的太空飞行收获还是不少的。波利亚科夫完成了 950 项医学实验，他说："我们证明了人能够在宇宙中停留这么长时间，并且保持身体健康和工作能力。"他还得出这样的结论："如有需要，在失重条件下是能够做开腔手术的。空间站上有必要的条件，医生的医术也完全能胜任，不过为了避免不必要的麻烦，还是回到地面做比较稳妥。"

波利亚科夫已有两个孩子，长期太空生活使他常常想念这两个孩子。好在他和两名同行相处得十分好，还先后接待了"联盟 TM-19 号"、"联盟 TM-20 号"、"联盟 TM-21 号"三艘飞船的 8 名宇航员到空间站上进行科学考察，其中包括在太空飞行 169 天的女宇航员康达科娃来访。

波利亚科夫在一生中想做的事基本上已经做到了，但在每次升空的那一瞬间，他仍没有忘记祈祷自己能平安回来，祈祷一切顺利。这是因为，波利亚科夫觉得，如果在太空中生活了一段时间却死去了，这更令人难受，因为做了那么多，了解了那么多，就应该把这一切奉献给世人。如果白白地将这一切都带走了，岂不是极大的损失！因为他是一位医生，他在太空的主要任务是研究长期太空失重对人体的影响。一个人已经做了相当多的工作，仅仅将空间站上研究工作中收集来的资料加以

整理，就得花几年功夫。包括他本人，也将终生作为被研究对象，因为没有谁像他这样在太空呆那么长久。

直到 1995 年 3 月 22 日，波利亚科夫经历了一次长达 439 天的太空飞行之后，乘"联盟 TM-20 号"飞船返回地面，创造了太空飞行的世界纪录。经过 14 个月的太空生活，人们本来以为，着陆后的他，一定虚弱不堪，没想到他竟能从舱内自行走出来，若无其事地坐着等待救援小组的到来。人们以为，他回到地球后一定要好好休整一番，谁知第二天，人们又惊异地看到他在星城宇航员培训中心的湖边散步。

人们之所以对波利亚科夫在长期太空飞行后表现出的健康情况如此惊奇，是因为在早期的航天飞行中，宇航员在太空中仅仅飞行几天，就会感到身体虚弱，待返回地面后，连手臂都抬不起来，大约要在一个月后才能恢复正常。

波利亚科夫告诉记者："我的经历表明，人不仅能经过长途太空飞行到达火星，而且在火星着陆后能马上着手研究工作。"

96 "我带着中国国旗首航太空"

——华人太空行走第一人

1996 年 1 月 11 日，美国"奋进号"航天飞机上天飞行。在 6 名宇航员中，华人科学家焦立中（莱罗伊·焦）格外引人注目。这是他第二次参加航天飞行，并成功地进行了两次太空行走。

焦立中的第一次太空飞行，是在 1994 年 7 月 8 日，乘"哥伦比亚号"航天飞机升空。这次飞行中，他的主要任务是保证太空实验器材的顺利操作，实施"第二号国际微重力实验室"的研究计划。在这个实验

室内开展82个太空实验项目，包括生物在微重力下的生理效应，材料在微重力状态下的性质变化以及蛋白质结晶的研究等。这次太空飞行历时14昼夜17小时55分，7月23日从太空载誉返航。

第二次太空飞行就是1996年1月11日的这一次，焦立中同5名宇航员结伴，乘"奋进号"航天飞机再度上天飞行。这次飞行令人刮目相看的是，因为完成任务的需要，焦立中进行了两次太空行走。

第一次是在1月15日，他与宇航员巴利一起，飞出航天飞机座舱，站在15米长的机械臂顶端的脚蹬上，展开一个长5.3米、重113千克的铝制支架，将它横跨在航天飞机敞开的货舱上，然后把一根6米长的电缆搭到支架上。这项太空作业共用6小时9分钟，这项作业是为将来在轨道上建造国际空间站积累经验。

第二次是1月17日，焦立中与另一名宇航员斯科特结伴，再次进入开放的宇宙空间漫步。他身穿新宇航服，系上新保险带，走出航天飞机机舱，在茫茫太空中作业，试验了设计用于存放空间电子设备的工具箱，为未来建造国际空间站确定技术方案。这次太空行走超过6个半小时。1月20日，焦立中结束了这次8天22小时1分钟的太空飞行。

焦立中是第四位参加美国航天飞机飞行的华裔宇航员。他的父母都是山东青岛人。焦立中1960年8月28日在美国威斯康星州出生，6岁上小学时，从电影新闻中看到美国"双子星座号"宇宙飞船载人翱翔太空的活动，引起了他对宇航的兴趣。特别是1969年7月20日，美国宇航员实现登月飞行，给他留下了深刻印象，第一次想到长大要当宇航员。在中学时期，他特别爱好飞行，憧憬到太空去探索漫游。1983年他在加州大学伯克莱分校毕业。1986年攻读博士学位期间，焦立中就向美国国家航空航天局递交了报考宇航员的申请书。他完成博士论文答辩一年后，1989年1月，通过两次面试和体能、心理测验，终于被录取为预备宇航员。1990年他进入国家航空航天局接受宇航训练，准备参加日夜向往的航天飞行。

这位炎黄子孙饱含着对祖国的感情。1994年9月9日，焦立中在

他首航太空之后两个月，向中国驻美大使写了一封热情洋溢的信，信中写道："随信寄上大使办公室送给我参加'哥伦比亚号'航天飞机飞行的一面中国国旗，我非常自豪地带它经历了一次太空飞行。"焦立中还把在太空轨道上拍摄的中国海南岛东海岸的照片，作为珍贵的礼物赠送给中国人民，表达了他的一片赤子之情。

97 "太空飞行使我显得年轻了"

——女宇航员露西德5次升入太空

1996 年 9 月 26 日，美国"亚特兰蒂斯号"航天飞机从太空归来，把在俄罗斯"和平号"空间站上生活了 188 天的美国女宇航员香农·露西德接回地面。露西德打破了俄罗斯女宇航员康达科娃在太空滞留 169 天的纪录，同时也夺得美国宇航员太空生活时间最长的桂冠。

露西德还是世界上第一位 5 次到太空游历的女宇航员。

露西德第五次到太空翱翔时，已年过半百，但仍表现出极大的热情。1996 年 3 月 22 日，她再次乘"亚特兰蒂斯号"升空，第二天即在 395 千米的轨道上与俄罗斯"和平号"空间站成功对接，露西德成为第一位进驻"和平号"空间站的美国女宇航员。她同两名俄罗斯宇航员共同从事为建立国际空间站作准备的先期实验工作。原定"亚特兰蒂斯号"航天飞机 7 月 31 日上天把露西德接回地面，但由于两次飓风和助推火箭发生故障的影响，她被迫在"和平号"空间站上多住了 7 个多星期，直到 9 月 16 日"亚特兰蒂斯号"启程，第二天进入轨道与"和平号"空间站对接成功，由美国宇航员约翰·布莱哈接替露西德留在空间站上继续工作，露西德才于 9 月 24 日乘"亚特兰蒂斯号"与"和平号"

空间站分离，26 日回到地球的怀抱。

露西德于 1943 年 1 月 14 日生于中国上海。1963 年毕业于俄克拉荷马大学化学系，1973 年获生物化学硕士学位。1978 年入选美国国家航空航天局第 8 批宇航员。她已有 3 个孩子。

当露西德于 1985 年 6 月 17 日得到第一次升空的机会时，她已经 42 岁。但她作为飞行任务专家，搭乘"发现号"航天飞机首次上天飞行。她负责在轨道上施放和回收一颗"斯巴达 1 号"科学探测卫星。按指令长的命令，她先操纵机械臂把卫星施放

5 次升入太空的美国女宇航员露西德

到空间，让它飘浮到距航天飞机 160 千米的地方，去探测宇宙中的黑洞等现象，然后待航天飞机追上这颗卫星时，又操纵机械臂将它抓回货舱，带回地面分析探测成果。这次太空飞行历时 7 天，顺利完成了预定任务。

第二次升空是在 1989 年 10 月 18～23 日，她搭乘"亚特兰蒂斯号"航天飞机升空飞行。露西德在太空协助发射"伽利略号"木星探测器，同时负责观测地球大气层上空的臭氧层情况，对失重状态下的晶体生长进行实验，培植玉米等植物。

第三次升空是在 1991 年 8 月 2～11 日，她又乘"亚特兰蒂斯号"航天飞机进入太空飞行。露西德在太空完成施放一颗跟踪与数据中继通

信卫星的任务。

第四次升空是在 1993 年 10 月 18 日～11 月 1 日，她乘"哥伦比亚号"航天飞机上天遨游。露西德参与 14 项生命科学实验，研究微重力状态下出现人体肌肉萎缩的现象，以及对人的视觉与平衡的影响。

第五次太空飞行任务完成后，露西德可能就该告别太空生活了，她虽然流露出一些伤感之情，但也为创造了太空飞行新纪录而感到幸福与自豪。她在回答妇女经过长期飞行有何变化的问题时说："我没有发现我的身体状况有明显变化。我也像所有在'和平号'空间站上飞行的同伴一样，觉得自己比进入空间站时显得年轻了，这也许是因为失重对我们的面部有影响。"

98 不断努力，直到如愿以偿

——四上太空的华裔宇航员

张福林（富兰克林·张-迪亚兹）是 4 次乘美国航天飞机到太空遨游的华裔宇航员。

张福林 1950 年 4 月 5 日生于南美洲的哥斯达黎加首都圣何塞市，祖籍在中国广东省。1905 年他的祖父张文廷远涉重洋，到哥斯达黎加谋生。他的父亲张瑞孟共有 6 个孩子，张福林排行第二。他 7 岁上小学时就对玩具火箭发生浓厚兴趣。上初中时参加太空航行小组，与同学一起装配模拟的宇宙飞船驾驶舱，扮演宇航员飞行。他上高中时，美国宣布实施阿波罗登月计划更对他产生巨大影响。他说："高中毕业之际，我要成为宇航员的想法愈来愈强烈，我一定要走这条路。"1967 年的一天，张福林写信给美国登月火箭总设计师冯·布劳恩，请教怎样做才能

成为一名宇航员。布劳恩给他回了信，肯定这位中学生关注太空计划的热情，并鼓励他要学好数学和工程技术，到美国深造，实现自己的理想。

1968年张福林决定靠自己的努力成才。在父亲的支持下，他只身到美国康湟狄格州首府哈特福德市，寄居在一位远亲家里。由于美国不承认哥斯达黎加的毕业文凭，他不得已在高中重读一年，并补习英语，后获得康湟狄格州立大学奖学金。1973年大学毕业后，他进入麻省理工学院深造，攻读核工程。1977年获应用物理学博士学位，首次参加美国国家航空航天局的宇航员甄选，未被录取。但他并不气馁，先进入麻省理工学院德拉柏实验室从事离子物理研究工作。1980年国家航空航天局再次招收宇航员，他又提出申请。这次他以强健的体魄和渊博的空间科学知识，从4000多名候选人中脱颖而出，成为24名幸运者之一，实现了他童年的梦想。张福林高兴万分地说："我一直希望当宇航员，因此我于1968年前来美国寻求我的梦想。我不断努力，直到如愿以偿。"

1986年1月12日，美国"哥伦比亚号"航天飞机经过两年检修后恢复飞行。张福林参加了这次曾7次推迟发射日期的多难飞行。在他的首航中，成功地参与施放一颗通信卫星，进行了20多项关于材料、天文物理、生命科学等实验，不过未能全部完成，其中原定拍摄哈雷彗星回归照片的计划，由于摄影机中的亮度增强器失灵，没有成功。1月18日结束了他的第一次太空飞行。

1989年10月18日，张福林乘"亚特兰蒂斯号"航天飞机上天，第二次参加太空飞行。他除参加施放"伽利略号"木星探测器的任务外，还开展了预定的科学实验工作，如收集对地球起保护作用的臭氧层的数据，研究聚合物的加工、培植玉米和使晶体生长等，拍摄了地球的部分地貌。10月23日从太空归来。

1992年7月31日，"亚特兰蒂斯号"第三次升空，共有7名宇航员，张福林也在其中。张福林除协助发射一颗"尤里卡号"卫星外，主

要利用意大利研制的一颗绳系卫星进行太空发电实验，遗憾的是，这次实验结果未能成功。8月8日返航。

张福林第四次参加太空飞行，是在1994年2月3～11日，这次有首次搭乘航天飞机的一名俄罗斯宇航员。美国宇航员与俄罗斯宇航员一共6人，他们同心协力，共同施放一颗卫星。遗憾的是，由于卫星导航系统出现故障，使这一计划未能成为事实。不过，值得欣慰的是，张福林完成了由他自己担负的科学实验任务。

张福林以自己不懈的努力，终于实现了自己的梦想。

99 生命可以从60岁开始

——年龄最大的宇航员

1996年12月7日，61岁的美国宇航员斯托里·马斯格雷夫乘"哥伦比亚号'"航天飞机完成一次18天的太空飞行。他成为迄今世界上年龄最大、第一个6次乘航天飞机遨游太空和第一个参加美国全部5架航天飞机飞行的宇航员。

马斯格雷夫1935年8月19日生于波士顿。1958年在海军服役，后来成为飞行员。20世纪60年代初从肯塔基大学医学院毕业，成为一名外科医生。1967年8月被选为宇航员，并参与研制新型宇航服和生命保障系统。

马斯格雷夫于1983年4月4～9日首次乘"挑战者号"航天飞机飞行，在太空除发射一颗跟踪与数据中继通信卫星以外，他和彼得森结伴穿着宇航服，系上安全带，到舱外空间活动，练习使用工具，模仿修理，在太空行走4小时。1985年7月29日～8月6日，他再乘"挑战

者号"进入太空，同其他 6 名宇航员一起开展了 7 门学科的 13 项实验工作，包括试验发射电子束、对植物生长实验等。1989 年 11 月 23～27日，参加"发现号"航天飞机的一次秘密军事飞行，在太空施放一颗军事通信监视卫星，试验一种星球大战的防御系统，这是他的第三次太空飞行。第四次太空飞行是在 1991 年 11 月 24 日～12 月 1 日，他乘"亚特兰蒂斯号"航天飞机上天，释放一颗导弹预警卫星，借助光学仪器进行监视活动。这次飞行险些与苏联火箭残骸相撞，由于机上一个导航装置失灵而提前 3 天返航。1993 年 12 月 2 日，马斯格雷夫乘"奋进号"航天飞机第五次升空飞行，他在太空中修复哈勃望远镜，他和同伴霍夫曼 5 次出舱进行太空行走，在太空作业，最终完成修复任务，并将哈勃望远镜重新放回轨道工作。12 月 13 日结束这次誉满全球的太空飞行，马斯格雷夫也因此更加出名。

最令世人惊叹的是他以花甲之年，1996 年 11 月 19 日乘"哥伦比亚号"航天飞机参加第六次太空飞行。这次飞行有 5 名宇航员，成功释放和回收两颗卫星，一颗是用于天文观测的紫外线望远镜卫星和一颗用于半导体薄膜生长试验的碟型卫星。原定宇航员举行两次感恩节"太空游"活动，但由于无法完全扳开舱门的把手，宇航员推拉顶撞两个多小时都无济于事，地面控制中心决定取消了这次飞行中的两次太空行走。马斯格雷夫在这次飞行中还填写了器官捐献卡，以鼓励人们捐献器官用于移植手术。另外还进行了半导体芯片的生产实验。原定 12 月 6 日返航，但因跑道被大雾笼罩以及大风影响，被迫两次取消着陆计划，延期 1 天返回地面，创下了"哥伦比亚号"太空逗留时间最长的纪录。

马斯格雷夫虽然年过六旬，但身体健壮。在这次飞行前，他对记者说："我觉得自己 60 岁时的状态比 20 岁、30 岁甚至 50 岁时的状态都要好，我自己都感到惊奇的是，生命可以从 60 岁开始。"他前 5 次太空飞行已累计 858 小时，但他仍不满足。尽管他对太空飞行产生的剧烈震动也感到害怕，但仍愿再接受航天飞机飞行的考验，充满对宇航的执著精神。对于他的这次飞行，现任美国国家航空航天局飞行负责人的前宇航

员利斯特马这样说："如果是另外一个 61 岁的人，我会非常担心的，而马斯格雷夫却创造了神话，这对整个宇航事业是个有益的吉兆。"当然，这肯定是马斯格雷夫最后一次太空飞行了。但他却说："我飞行多少次并不重要，重要的是我找到了我所喜爱的职业。"

在马斯格雷夫最后一次太空飞行两年之后，又出现了新的奇迹。

实际上，世界上年龄最大的宇航员是 1998 年 10 月 29 日乘"发现号"航天飞机上天的约翰·格伦，他是第一位实现轨道飞行的美国宇航员。经过 36 年之后，格伦再上太空已是 77 岁的古稀老人。格伦在 20 世纪的世界航天史上写下了最灿烂的一页。